"十二五"职业教育国家规划教材
经全国职业教育教材审定委员会审定
全国高等职业院校规划教材·精品与示范系列

院级精品课
配套教材

# 机床电气控制系统维护

张春青 于桂宾 主编

刘艳军 副主编

电子工业出版社

Publishing House of Electronics Industry

北京·BEIJING

## 内 容 简 介

本书根据国家示范专业建设课程改革成果，采用项目式课程教学方法，结合作者多年的本课程教学经验以及企业实际岗位技能需求进行编写。全书分为两大部分：第一部分是机床的电气控制（项目 1～4），讲述低压电器的结构选择及应用，典型电气控制线路的原理和安装调试及机床电气控制系统故障的排除方法；第二部分是 PLC 控制系统应用（项目 5），讲述 PLC 的结构和原理、常用编程软件 STEP7 的使用、基本逻辑指令及常用功能指令的使用方法等。本书强调"实践为主，理论够用"的原则，旨在加强学生技能的培养，具有鲜明的工学结合的特色。

本书为高等职业本专科院校电气自动化、机电一体化、数控技术、机械制造自动化、机电设备维护、楼宇智能化等专业的教材，也可作为开放大学、成人教育、自学考试、中职学校、培训班的教材，以及电气工程技术人员的自学参考书。

本书配有免费的电子教学课件、习题参考答案、PLC 硬件与软件设计、图片和动画素材，详见前言。

未经许可，不得以任何方式复制或抄袭本书之部分或全部内容。
版权所有，侵权必究。

**图书在版编目（CIP）数据**

机床电气控制系统维护/张春青，于桂宾主编．—北京：电子工业出版社，2012.1
全国高等职业院校规划教材．精品与示范系列
ISBN 978-7-121-15322-8

Ⅰ.①机… Ⅱ.①张…②于… Ⅲ.①机床—电气控制系统—维修—高等职业教育—教材 Ⅳ.①TG502.35

中国版本图书馆 CIP 数据核字（2011）第 244299 号

策划编辑：陈健德（E-mail:chenjd@phei.com.cn）
责任编辑：沈桂晴
印　　刷：北京京师印务有限公司
装　　订：北京京师印务有限公司
出版发行：电子工业出版社
　　　　　北京市海淀区万寿路 173 信箱　邮编　100036
开　　本：787×1 092　1/16　印张：14.25　字数：360 千字
版　　次：2012 年 1 月第 1 版
印　　次：2019 年 1 月第 7 次印刷
定　　价：32.00 元

凡所购买电子工业出版社图书有缺损问题，请向购买书店调换。若书店售缺，请与本社发行部联系，联系及邮购电话：(010) 88254888。

质量投诉请发邮件至 zlts@phei.com.cn，盗版侵权举报请发邮件至 dbqq@phei.com.cn。
服务热线：(010) 88258888。

# 职业教育　继往开来（序）

自我国实行对内搞活、对外开放的经济政策以来，各行各业都获得了前所未有的发展。随着我国工业生产规模的扩大和经济发展水平的提高，教育行业受到了各方面的重视。尤其对高等职业教育来说，近几年在教育部和财政部实施的国家示范性院校建设政策鼓舞下，高职院校以服务为宗旨，以就业为导向，开展工学结合与校企合作，进行了较大范围的专业建设和课程改革，涌现出一批示范专业和精品课程。高职教育在为区域经济建设服务的前提下，逐步加大校内生产性实训比例，引入企业参与教学过程和质量评价。在这种开放式人才培养模式下，教学以育人为目标，以掌握知识和技能为根本，克服了以学科体系进行教学的缺点和不足，为学生的顶岗实习和顺利就业创造了条件。

在高职教育新的教学模式下，各院校不断对专业建设和课程设置进行改革，教学改革的成果最终要反映在教学过程中，其中主要的体现形式为教材创新。电子工业出版社作为职业教育教材出版大社，具有优秀的编辑人才队伍和丰富的职业教育教材出版经验，有义务、有能力与广大高职院校密切合作，参与创新职业教育的新方法，共同出版反映最新教学改革成果的新教材，为培养符合当今社会需要的、合格的职业技能人才而努力。

近期由我们组织策划和编辑出版的"全国高职高专院校规划教材·精品与示范系列"，主要具有以下几个特点。

（1）本系列教材的课程研究专家和作者主要来自于教育部和各省市评审通过的多所示范院校。他们对教育部倡导的职业教育教学改革精神理解得透彻准确，并且具有多年的职业教育教学经验及工学结合、校企合作经验，能够准确地对职业教育相关专业的知识点和技能点进行横向与纵向设计，能够把握创新型教材的出版方向。

（2）本系列教材的编写以多所示范院校的课程改革成果为基础，体现重点突出、实用为主、够用为度的原则，采用项目驱动的教学方式。学习任务主要以本行业工作岗位群中的典型实例经提炼后进行设置，项目实例较多，应用范围较广，图片数量较大，还引入了一些经验性的公式、表格等，文字叙述浅显易懂。增强了教学过程的互动性与趣味性，对全国许多职业教育院校具有较大的适用性，同时对企业技术人员具有可参考性。

（3）根据职业教育的特点，本系列教材在全国独创性地提出"职业导航、教学导航、知识分布网络、知识梳理与总结"及"封面重点知识"等内容，有利于教师选择合适的教材并有重点地开展教学过程，也有利于学生了解该教材相关的职业特点和对教材内容进行高效率的学习与总结。

（4）根据每门课程的内容特点，为方便教学过程，我们为教材配备相应的电子教学课件、习题答案与指导、教学素材资源、程序源代码、教学网站支持等立体化教学资源，各位老师在华信教育资源网（www.huaxin.edu.cn 或 www.hxedu.com.cn）注册后可直接下载。

这套新型教材得到了许多高职院校教师的支持和欢迎，为了使职业教育能够更好地为区域经济和企业服务，我们热忱欢迎各位职教专家和教师提出意见或建议，如果您有新教材的编写思路请与我们联系（邮箱：chenjd@phei.com.cm，电话：010-88254585），共同为我国的职业教育发展尽自己的责任与义务！

电子工业出版社高等职业教育分社

# 前言

根据教育部最新的职业教育教学改革精神,结合国家示范专业建设课程改革成果,采用项目式课程教学方法,按照企业用人岗位职业需求对课程内容进行组织和重构,以学生就业为导向,以企业工作任务为载体,将工作对象、使用工具、工作方法、工作要求等要素融入课程内容中,具有鲜明的"工学结合"特色。

本教材在编写过程中以项目为载体,每个项目都以企业实际的工程案例引入,然后进行相关的实践操作,最后讲述与之对应的相关知识和拓展应用,既有实训内容,又有为实训内容服务的基础知识,有利于学生牢固掌握机床控制电路分析、机床电气控制安装与调试及线路故障排除的实践技能和必需的理论知识。

本教材具有以下几大特色:

(1) 采用工作过程系统化的思想,以任务驱动的形式编写,内容紧密联系专业工程实际,通过典型工作任务介绍机床电气控制系统的原理、安装调试和故障排除方法,以及 PLC 控制系统的设计技能。

(2) 在内容的安排上,理论力求简明扼要,以完成工作任务所需为主,加强实践内容,突出针对性、实用性和先进性,同时,尽可能多地采用表格、图片及经验公式等,增强直观性和可读性。

(3) 本书内容实用,体例新颖,配有"职业导航",用以说明本课程内容与前期基础知识及职业岗位之间的关系。各项目前配有"教学导航",为本项目教与学的过程提供指导;每个任务前有"知识分布网络",便于学习者掌握本任务内容的层次和重点;各项目结尾有"知识梳理与总结",以便于学习者高效率地学习、提炼与归纳。

本书的主要内容和教学时间见下表。建议本课程采用一体化教学环境集中授课(6 周),其他形式建议课时 76~90 学时,各院校可根据实际情况进行适当调整,以提高教学质量与效率。

| 主体内容 | 项目任务 | 建议学时 | 一体化教学时间 |
| --- | --- | --- | --- |
| 机床的电气控制<br>(项目 1~4) | 项目 1 普通车床电气控制系统的运行与维护 | 22~30 | 10 天 |
| | 项目 2 摇臂钻床电气控制系统的运行与维护 | 6 | 2 天 |
| | 项目 3 万能铣床电气控制系统的运行与维护 | 8~12 | 4 天 |
| | 项目 4 卧式镗床电气控制系统的运行与维护 | 6 | 2 天 |
| PLC 控制系统应用<br>(项目 5) | 任务 5-1 三相异步电动机单向运行 PLC 控制线路的安装与调试 | 8 | 3 天 |
| | 任务 5-2 三相异步电动机正反转 PLC 控制线路的安装与调试 | 4 | 1 天 |

续表

| 主体内容 | 项目任务 | 建议学时 | 一体化教学时间 |
|---|---|---|---|
| PLC 控制系统应用（项目5） | 任务 5-3 三相异步电动机 Y/△降压启动 PLC 控制线路的安装与调试 | 4 | 1 天 |
| | 任务拓展 交通灯 PLC 控制设计 | 6 | 2 天 |
| | 任务 5-4 简易机械手 PLC 控制 | 4~6 | 2 天 |
| | 任务 5-5 PLC 在 X62W 万能铣床电气控制系统中的应用 | 8 | 3 天 |

本书为高等职业本专科院校电气自动化、机电一体化、数控技术、机械制造自动化、机电设备维护、楼宇智能化等专业的教材，也可作为开放大学、成人教育、自学考试、中职学校、培训班的教材，以及电气工程技术人员的自学参考书。

本书由承德石油高等专科学校张春青、于桂宾主编，刘艳军副主编，承德石油高等专科学校关晓东、王国永、李传军参加编写；承德江钻有限公司李泽成工程师给本书内容设计提出了很多宝贵意见；全书由承德石油高等专科学校柴增田教授主审。本书在编写过程中，还参阅了许多同行专家们的论著文献，在此一并表示感谢。

由于时间紧迫和编者水平有限，书中的错误和缺点在所难免，热忱欢迎读者对本书提出批评与建议。

本书配有免费的电子教学课件、习题参考答案、PLC 硬件与软件设计、图片和动画素材，请需要的教师登录华信教育资源网（www.hxedu.com.cn）免费注册后进行下载，如有问题请在网站留言或与电子工业出版社联系（E-mail:gaozhi@phei.com.cn）。

编者

# 职业导航

**职业素质：**
应学习职业道德、生涯规划、计算机、外语等课程内容。具备良好的职业道德和与人合作交往等能力

**岗位技术：**
应学习工程制图、机械原理、电工电子技术、安全生产等专业技术性课程

**生产实践：**
进行过电工电子实训，在车间相关工作岗位进行过实习，熟悉真实的生产环境，具备安全、环保意识

- 常用低压电器的选择与使用
- PLC 的选择、编程
- 常见电动机控制线路的安装与调试 电动机点动、连续运行、正反转 Y/△ 启动的继电接触器控制和PLC控制
- 典型机床电气控制线路和控制线路的安装、调试与故障检修

全书以 4 种典型机床为载体，讲述多数机床所使用的低压电器、典型电气控制线路、电气原理图的识读等知识内容，以 4 种典型机床电气控制的安装、维修为核心将其贯穿和联通，凸显机床电气安装、检修两大关键核心职业能力

**岗位职业**

| 设备操作员 | 设备维护维修工 | 车间班组长 | 车间主任 |

逐步提升

# 目 录

**项目1　普通车床电气控制系统的运行与维护**　1
　教学导航　1
　任务1-1　车床刀架快速移动控制线路的安装调试　2
　　1.1.1　C6140普通车床的基本知识　2
　　1.1.2　按钮　4
　　1.1.3　断路器　5
　　1.1.4　交流接触器　6
　　1.1.5　热继电器　9
　　1.1.6　熔断器　10
　　1.1.7　三相异步电动机基本知识　12
　　1.1.8　电动机单向连续运行控制电路　14
　　1.1.9　电笔的使用　19
　　1.1.10　万用表的使用　21
　　1.1.11　电气安全基本常识　27
　　问题与思考1-1　29
　任务1-2　车床电动机顺序启动控制线路的安装调试　29
　　1.2.1　三相异步电动机顺序启动线路　30
　　1.2.2　刀开关　31
　　1.2.3　三相异步电动机其他顺序启动控制电路　33
　　1.2.4　电气控制电路断路故障的检修　34
　　问题与思考1-2　38
　任务1-3　电气原理图的识读和电气系统的安装　39
　　1.3.1　电气原理图的绘制与识读　41
　　1.3.2　车床电气原理图识图分析　42
　　1.3.3　车床电气系统的安装　44
　　1.3.4　电气控制系统图　46
　　问题与思考1-3　49
　任务1-4　车床电气控制系统的故障分析与检修　49
　　1.4.1　机床电气控制电路的故障分析方法与维修步骤　50
　　1.4.2　车床故障分析与排除方法　53
　　1.4.3　安全用电知识　57
　　1.4.4　电流表与电压表的使用　58

1.4.5　摇表（兆欧表）的使用 ············································································ 58
　　1.4.6　钳形电流表的使用 ················································································ 60
　　1.4.7　车床的电气保养 ··················································································· 61
　　问题与思考 1-4 ····························································································· 62
知识梳理与总结 ······························································································· 62

## 项目 2　摇臂钻床电气控制系统的运行与维护 ············································· 64
教学导航 ········································································································ 64
**任务 2-1**　钻床摇臂的运动控制线路的安装与调试 ················································ 65
　　2.1.1　摇臂钻床的结构及运动形式 ···································································· 66
　　2.1.2　三相异步电动机正反转控制线路 ······························································ 67
　　2.1.3　行程开关 ······························································································ 68
　　2.1.4　选择开关 ······························································································ 72
　　问题与思考 2-1 ····························································································· 73
**任务 2-2**　摇臂钻床电气原理图识读和电气控制系统的安装调试 ································ 73
　　2.2.1　摇臂钻床的电力拖动特点及控制要求 ······················································· 74
　　2.2.2　摇臂钻床电气控制线路分析 ···································································· 74
　　2.2.3　摇臂钻床电气系统的安装与调试 ······························································ 77
　　2.2.4　中间继电器 ··························································································· 80
　　问题与思考 2-2 ····························································································· 80
**任务 2-3**　摇臂钻床电气控制系统的故障分析与检修 ·············································· 80
　　2.3.1　摇臂钻床常见故障与检修方法 ································································· 81
　　2.3.2　钻床电气设备保养 ················································································· 86
　　问题与思考 2-3 ····························································································· 87
知识梳理与总结 ······························································································· 88

## 项目 3　万能铣床电气控制系统的运行与维护 ············································· 89
教学导航 ········································································································ 89
**任务 3-1**　三相异步电动机的反接制动控制线路的安装与调试 ··································· 90
　　3.1.1　卧式万能铣床的主要工作方式 ································································· 90
　　3.1.2　三相异步电动机反接制动的基本原理 ······················································· 92
　　3.1.3　速度继电器 ··························································································· 92
　　3.1.4　三相异步电动机的其他制动方法 ······························································ 94
　　问题与思考 3-1 ····························································································· 96
**任务 3-2**　万能铣床电气控制原理图的识读 ·························································· 97
　　3.2.1　电磁阀 ·································································································· 97
　　3.2.2　铣床电气控制系统分析 ········································································· 100
　　3.2.3　三相笼型异步电动机多地控制线路 ·························································· 107
　　3.2.4　机床工作台自动往返的控制 ···································································· 107
　　问题与思考 3-2 ··························································································· 109
**任务 3-3**　万能铣床电气控制系统的故障分析与检修 ············································ 109

  3.3.1 铣床维修注意事项 ·········································································· 109
  3.3.2 万能铣床故障分析与维修 ································································· 110
  3.3.3 铣床电气保养 ················································································ 114
  问题与思考 3-3 ······················································································· 116
 知识梳理与总结 ···························································································· 116

# 项目 4 卧式镗床电气控制系统的运行与维护 ································································ 117
 教学导航 ····································································································· 117
 任务 4-1 三相异步电动机 Y/△降压启动控制线路的安装与调试 ····································· 118
  4.1.1 三相异步电动机 Y/△降压启动原理 ····················································· 118
  4.1.2 时间继电器 ·················································································· 120
  4.1.3 三相异步电动机的其他降压启动方法 ·················································· 123
  问题与思考 4-1 ······················································································· 124
 任务 4-2 卧式镗床电气控制原理图的识读 ······················································ 125
  4.2.1 卧式镗床的结构与运动形式 ······························································ 127
  4.2.2 卧式镗床电气控制线路 ···································································· 128
  4.2.3 双速异步电动机控制 ······································································· 131
  问题与思考 4-2 ······················································································· 133
 任务 4-3 卧式镗床电气控制系统故障分析与检修 ············································· 134
  4.3.1 镗床常见故障及检修方法 ································································· 134
  4.3.2 镗床的电气保养 ············································································· 140
  问题与思考 4-3 ······················································································· 141
 知识梳理与总结 ···························································································· 142

# 项目 5 PLC 控制系统的安装与调试 ································································ 143
 教学导航 ····································································································· 143
 任务 5-1 三相异步电动机单向运行 PLC 控制线路的安装与调试 ······························· 144
  5.1.1 可编程控制器基本知识 ···································································· 145
  5.1.2 S7-200 系列 PLC 的特性、内部资源与 CPU 模块连线 ····························· 149
  5.1.3 PLC 常见编程语言 ·········································································· 155
  5.1.4 梯形图的特点与编程规则 ································································· 155
  5.1.5 编程软件 STEP 7-Micro/WIN V4.0 简介 ··············································· 156
  5.1.6 STEP 7-Micro/WIN V4.0 编程软件的安装 ············································ 166
  问题与思考 5-1 ······················································································· 169
 任务 5-2 三相异步电动机正反转 PLC 控制线路的安装与调试 ································ 169
  5.2.1 S7-200 系列 PLC 的编程数据类型 ······················································ 171
  5.2.2 S7-200 的地址分配及寻址方式 ·························································· 172
  5.2.3 PLC 编程基本逻辑指令（一） ··························································· 175
  5.2.4 工作台自动往返 PLC 控制系统 ·························································· 177
  问题与思考 5-2 ······················································································· 178
 任务 5-3 三相异步电动机 Y/△降压启动 PLC 控制线路的安装与调试 ······················· 178

  5.3.1 定时器指令 ··············· 180
  5.3.2 PLC 编程计数器指令 ··············· 182
  任务拓展 交通灯 PLC 控制设计 ··············· 185
  问题与思考 5-3 ··············· 188

**任务 5-4** 简易机械手 PLC 控制 ··············· 188
  5.4.1 简易机械手控制要求 ··············· 189
  5.4.2 简易机械手的 PLC 控制 ··············· 190
  5.4.3 PLC 编程基本逻辑指令（二） ··············· 194
  5.4.4 PLC 编程移位指令 ··············· 195
  问题与思考 5-4 ··············· 200

**任务 5-5** PLC 在 X62W 万能铣床电气控制系统中的应用 ··············· 200
  5.5.1 PLC 控制系统设计的内容与步骤 ··············· 201
  5.5.2 PLC 机型选择及硬件连接 ··············· 203
  5.5.3 PLC 控制系统的抗干扰设计 ··············· 206
  5.5.4 PLC 控制系统的调试 ··············· 208
  问题与思考 5-5 ··············· 211
  知识梳理与总结 ··············· 211

**附录 A** 常见电气元器件的图形和文字符号 ··············· 212

# 项目 1 普通车床电气控制系统的运行与维护

**教学导航**

| 教 | 知识重点 | 1. 常用低压电器的选择使用<br>2. 车床电动机控制线路的安装与调试<br>3. 车床电气原理图的识读<br>4. 车床电气控制系统故障诊断与维修 |
|---|---|---|
| | 知识难点 | 车床电气控制系统故障诊断与维修 |
| | 推荐教学方法 | 六步教学法，案例教学法，头脑风暴法 |
| | 推荐教学场所 | 教、学、做一体化实训室 |
| | 建议学时 | 理论教学 22～30 学时，"教学做"一体化教学 10 天（含 3 天企业顶岗实习） |
| 学 | 推荐学习方法 | 小组讨论法，角色扮演法 |
| | 必须掌握的技能 | 1. 能正确安装车床电气控制线路<br>2. 能正确使用电工工具和仪表<br>3. 会检修车床常见故障 |
| | 必须掌握的理论知识 | 1. 低压电器的选择使用<br>2. 机床电气原理图识读方法<br>3. 常见的故障检修方法 |

机床电气控制系统维护

## 任务 1-1　车床刀架快速移动控制线路的安装调试

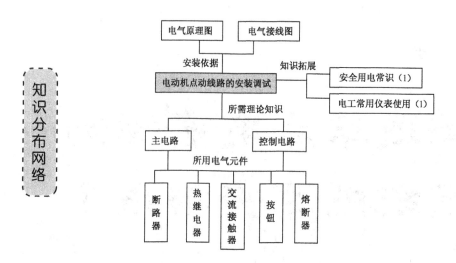

### 任务目标

训练学生三相异步电动机单向运行控制线路的设计、绘制、安装、调试与故障排查能力，整体控制系统的调试、评价能力。

### 任务描述

车床有两个主要运动：一是卡盘或顶尖带动工件的旋转运动，二是溜板带动刀架的直线运动。当刀架与工件距离较大时，为节省辅助时间常需要刀架快速移动。本任务以 C6140 车床为例进行介绍。C6140 车床刀架的快速移动采用三相异步电动机点动来实现，该工作任务是完成三相异步电动机的点动控制线路的设计、安装、调试与故障排除。

### 实践操作

三相异步电动机点动原理图如图 1-1 所示。点动控制是指按下启动按钮 $SB_1$，电动机得电运转；释放按钮 $SB_1$，电动机就失电停转的控制方式。所用的器件有低压断路器、熔断器、交流接触器、按钮。连接图 1-1 所示的控制线路图，通电演示电动机点动原理。

### 相关知识

#### 1.1.1　C6140 普通车床的基本知识

车床是一种应用极为广泛的金属切削机床，能够车削外圆、内圆、端面、螺纹、螺杆。车削定型表面，并可用钻头、铰刀进行加工。

项目1 普通车床电气控制系统的运行与维护

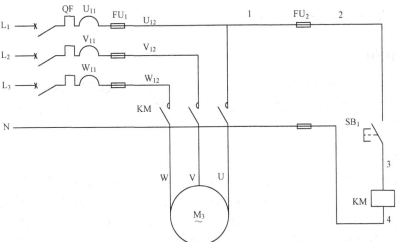

图1-1 三相异步电动机点动控制线路

C6140车床型号的含义：

C6140普通车床主要由主轴箱、床身、进给箱、溜板箱、刀架、丝杠、光杠、尾架等部分组成，如图1-2所示。

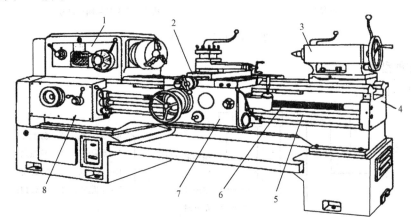

1—主轴箱；2—刀架；3—尾架；4—床身；5—光杠；6—丝杠；7—溜板箱；8—进给箱

图1-2 普通车床的结构示意图

C6140普通车床有两个主要的运动部分：一个是车床主轴运动，即卡盘或顶尖带着工件的旋转运动，另一个是溜板带着刀架的直线运动，称进给运动。中小型普通车床的主轴运动和进给运动一般是采用一台异步电动机驱动，车床的辅助运动有溜板和刀架的快速移动、尾架的移动等。

普通机床电气控制的任务就是按照操作或加工工艺的要求，利用低压电器，实现对电动机的启动、调速、制动和停止的控制。

### 1.1.2 按钮

按钮是由感测部分和执行部分组成的。按钮是一种短时接通或分断小电流的手动电器。它不直接控制主电路的通断,而在控制电路中发出"指令"去控制接触器、继电器等电器的电磁线圈,再由它们控制主电路的通断。

**1. 按钮的结构**

按钮一般由按钮帽、复位弹簧、桥式常闭触点、常开触点、支柱连杆及外壳等部分组成。按钮结构和符号如图 1-3 所示。如图 1-3(a)所示按钮是一个复合按钮,工作时常开和常闭触点是联动的。当按钮被按下时,常闭触点先动作,常开触点随后动作;当松开按钮时,常开触点先动作,常闭触点再动作。也就是说两种触点在改变工作状态时,动作先后有个时间差,尽管这个时间差很短,但在分析线路控制过程时应特别注意。

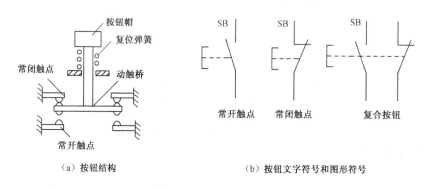

(a)按钮结构　　　　　　　　(b)按钮文字符号和图形符号

图 1-3　按钮结构和符号

**2. 按钮的型号**

按钮型号的含义:

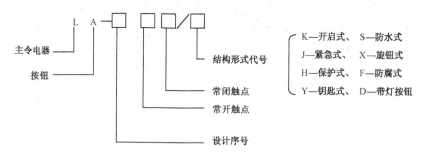

**3. 按钮的选用**

按钮的额定电压为交流 380V、直流 220V,额定电流为 5A。在机床上常用的有 LA2、LA18、LA19 及 LA20 等系列。选择按钮时,可参考以下基本原则。

(1)根据使用场合和具体用途选择按钮的种类,如嵌装在操作面板上的按钮可选用开启式。

(2)根据控制回路的需要选择按钮的数量,如单联钮、双联钮和三联钮等。

(3)根据工作状态指示和工作情况要求,选择按钮或指示灯的颜色,如启动按钮可选用绿色或黑色。

为标明按钮的作用，避免误操作，通常将按钮帽做成红、绿、黑、黄、蓝、白、灰等颜色。国标 GB5226－85 对按钮颜色做了如下规定。

（1）"停止"和"急停"按钮必须是红色的。当按下红色按钮时，必须使设备停止工作或断电。

（2）"启动"按钮的颜色是绿色。

（3）"启动"与"停止"交替动作的按钮必须是黑色、白色或灰色，不得用红色和绿色。

（4）"点动"按钮必须是黑色。

（5）"复位"按钮（如保护继电器的复位按钮）必须是黑色的。当复位按钮还有停止的作用时，则必须是红色。

## 1.1.3 断路器

低压断路器又称自动空气断路器或自动空气开关，是一种既能实现手动开关作用，又能自动进行欠电压、失电压、过载或短路保护的电器。

低压断路器有单极、双极、三极、四极 4 种，可用于电源电路、照明电路、电动机主电路的分合及保护等。如图 1-4 所示为 DZ47-63 系列断路器，如图 1-5 所示为低压断路器的图形及文字符号。

图 1-4　DZ47-63 系列断路器

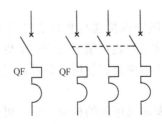

图 1-5　低压断路器的图形及文字符号

### 1. 低压断路器的工作原理

如图 1-6 所示为低压断路器的工作原理，当主触点 2 闭合时，传动杆 3 被锁扣 4 扣住，电路接通。如果电路出现过电流现象，则通过电流脱扣器 5 的衔铁吸合，顶杆将锁扣 4 顶开，主触点在分闸弹簧 1 的作用下复位，断开主电路，起到保护作用。如果出现过载现象，热脱扣器 6 将锁扣 4 顶开，如果出现欠电压、失电压现象，欠电压、失电压脱扣器 7 将锁扣 4 顶开。分励脱扣器 8 可由操作人员控制，使低压断路器跳闸。

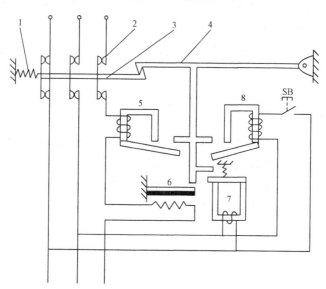

图 1-6 低压断路器的工作原理

### 2. 低压断路器的主要技术参数

（1）额定电压是指断路器长期工作时的允许电压。

（2）额定电流是指脱扣器允许长期通过的电流。如果电路中通过的电流大于额定电流一定数量时，脱扣器就会动作，断开主触点。

（3）壳架等级额定电流是指壳架中能安装的最大脱扣器的额定电流。

（4）通断能力是指能够接通和分断短路电流的能力。

（5）保护特性是指断路器动作时间与动作电流的关系。

## 1.1.4 交流接触器

接触器是一种适用于远距离频繁地接通与断开交直流主电路及大容量控制电路的自动切换电器。其主要控制对象是电动机，也可用于控制如电焊机、电容器组、电热装置、照明设备等其他负载。接触器具有操作频率高、使用寿命长、工作可靠、性能稳定、维修方便等优点，是用途广泛的控制电器之一。

接触器的品种较多，按其线圈通过电流的种类不同，可分为交流接触器与直流接触器。

### 1. 交流接触器的工作原理

当吸引线圈通电后，电磁系统即把电能转换为机械能，所产生的电磁吸力克服弹簧与触点弹簧的反作用力，使铁芯吸合，并带动触点支架使动合触点接触闭合，动断触点分断，接触器处于得电状态。当吸引线圈失电或电压显著下降时，由于电磁吸力消失或过小，衔铁释放，在恢复弹簧作用下，衔铁和所有触点都恢复常态，接触器处于失电状态。

**2．交流接触器的结构**

交流接触器主要由电磁机构、触点系统、灭弧装置等部分组成，如图1-7所示。

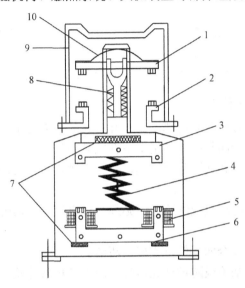

1—动触桥；2—静触点；3—衔铁；4—缓冲弹簧；5—电磁线圈；
6—静铁芯；7—垫毡；8—触点弹簧；9—灭弧罩；10—触点压力簧片
图1-7　CJ20交流接触器的结构示意图

1）电磁机构

电磁机构由电磁线圈、铁芯和衔铁组成，其功能是操作触点的闭合和断开。

2）触点系统

触点系统包括主触点和辅助触点。主触点用在通断电流较大的主电路中，一般由三对常开触点组成，体积较大。辅助触点用以通断小电流的控制电路，体积较小，有"常开"、"常闭"触点（"常开"、"常闭"是指常态，即电磁系统未通电动作前触点的状态）。常开触点（又叫动合触点）是指线圈未通电时，其动、静触点是处于断开状态的，当线圈通电后就闭合。常闭触点（又叫动断触点）是指线圈未通电时，其动、静触点是处于闭合状态的，当线圈通电后，则断开。

线圈通电时，常闭触点先断开，常开触点后闭合；线圈断电时，常开触点先复位（断开），常闭触点后复位（闭合），其中间存在一个很短的时间间隔，分析电路时，应注意这个时间间隔。

3）灭弧系统

容量在10A以上的接触器都有灭弧装置，常采用纵缝灭弧罩及栅片灭弧结构。

4）其他部分

包括弹簧、传动机构、接线柱及外壳等。

### 3．交流接触器的图形符号和文字符号

交流接触器的图形符号和文字符号如图1-8所示。

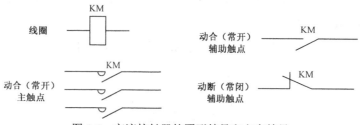

图1-8　交流接触器的图形符号和文字符号

### 4．接触器的使用注意事项

（1）因为分断负荷时有火花和电弧产生，开启式的不能用于易燃易爆的场所和有导电性粉尘多的场所，也不能在无防护措施的情况下在室外使用。

（2）使用时应注意触点和线圈是否过热，三相主触点一定要保持同步动作，分断时电弧不得太大。

（3）交流接触器控制电动机或线路时，必须与过电流保护器配合使用，接触器本身无过电流保护性能。

（4）短路环和电磁铁吸合面要保持完好、清洁。

（5）接触器安装在控制箱或防护外壳内时，由于散热条件差，环境温度较高，应适当降低容量使用。

### 5．接触器的选择

应根据实际控制电路的要求选择接触器，主要考虑主触点的额定电压、额定电流、辅助触点数量与种类、吸引线圈的电压等级、操作频率等。

1）类型的确定

根据所控制对象电流类型来选用交流或直流接触器。如控制系统中主要是交流对象，而直流对象容量较小，也可全用交流接触器，但要选触点的额定电流大些的。

2）选择触点的额定电压

一般为500V或380V两种，通常触点的额定电压应大于或等于负载回路的额定电压。

3）选择主触点的额定电流

主触点的额定电流应大于或等于负载的额定电流。如负载是电动机，其额定电流可按下式推算，即

$$I_c \geq \frac{P_N \times 10^3}{K U_N}$$

式中，$I_c$——流过接触器主触点的电流，单位为A。

$U_N$——电动机额定电压，单位为V。

$P_N$——电动机额定功率，单位为kW。

$K$——经验系数，一般取1～1.4。

在频繁地启动、制动、正反转的场合，主触点的额定电流要稍为降低。

4）线圈电压

线圈电压可选择 380V 或与控制电路电压一致。

### 1.1.5 热继电器

热继电器是依靠电流通过发热元件时所产生的热，使双金属片受热弯曲而推动机构动作的一种电器。热继电器主要用于电动机的过载、断相及电流不平衡运行的保护及其他电气设备发热状态的控制。

**1. 热继电器的分类和型号**

热继电器的形式有多种，其中双金属片式热继电器应用最多。按极数分，热继电器可分为单极、两极和三极 3 种，其中三极又包括带断相保护装置的和不带断相保护装置的；按复位方式分，热继电器可分为自动复位式和手动复位式。常用的有国产 JR16、JR20、JRS1 等系列。

JRS1 系列热继电器的型号含义：

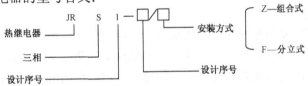

JR20 系列热继电器的型号含义：

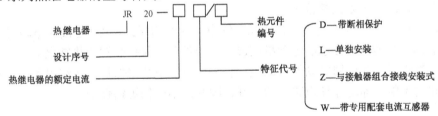

**2. 热继电器的工作原理**

热继电器的结构主要由加热元件、动作机构和复位机构三大部分组成。动作系统常设有温度补偿装置，保证在一定的温度范围内，热继电器的动作特性基本不变。JR16 热继电器结构原理图及图形符号如图 1-9 所示。

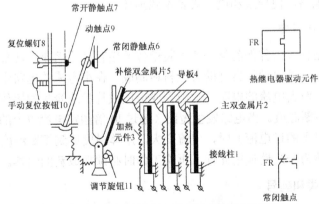

图 1-9 JR16 热继电器结构原理图及图形符号

在图 1-9 中，主双金属片 2 与加热元件 3 串接在接触器负载（电动机电源端）的主回路中，当电动机过载时，主双金属片受热弯曲推动导板 4，并通过补偿双金属片 5 与推杆将动触点 9 和常闭静触点 6（即串接在接触器线圈回路的热继电器常闭触点）分开，以切断电路保护电动机。调节旋钮 11 是一个偏心轮，改变它的半径即可改变补偿双金属片 5 与导板 4 的接触距离，从而达到调节整定动作电流值的目的。此外，靠调节复位螺钉 8 来改变常开静触点 7 的位置，使热继电器能在自动复位或手动复位两种状态下动作。调成手动复位时，在排除故障后要按下手动复位按钮 10，才能使动触点 9 恢复与常闭静触点 6 相接触的位置。

实际应用中热继电器的常闭触点经常串入控制回路，常开触点可接入信号回路或 PLC 控制时的输入接口电路。

### 3．热继电器的选用

选择热继电器时，主要根据所保护电动机的额定电流来确定热继电器的规格和热元件的电流等级。

根据电动机的额定电流选择热继电器的规格，一般情况下应使热继电器的额定电流稍大于电动机的额定电流。

根据需要的整定电流值选择热元件的编号和电流等级。一般情况下，热继电器的整定值为电动机额定电流的 0.95～1.05 倍。但如果电动机拖动的负载是冲击性负载或启动时间较长及拖动的设备不允许停电的场合，热继电器的整定值可取电动机额定电流的 1.1～1.5 倍。如果电动机的过载能力较差，热继电器的整定值可取电动机额定电流的 0.6～0.8 倍。同时整定电流应留有一定的上下限调整范围。

根据电动机定子绕组的连接方式选择热继电器的结构形式，即 Y 连接的电动机选用普通三相结构的热继电器，△接法的电动机应选用三相带断相保护装置的热继电器。

对于频繁正反转和频繁制动的电动机不宜采用热继电器来保护。热继电器由于热惯性，当电路短路时不能立即动作使电路立即断开，因此，不能做短路保护。

## 1.1.6　熔断器

熔断器是一种广泛应用的最简单有效的保护电器，是根据电流的热效应原理工作的。在使用时，熔断器串接在所保护的电路中，当电路发生短路或严重过载时，它的熔体能自动迅速熔断，从而切断电路，使导线和电气设备不致损坏。

### 1．熔断器的工作原理

熔断器主要由熔体（俗称保险丝）和安装熔体的熔管（或熔座）两部分组成。熔体一般由熔点低、易于熔断、导电性能良好的合金材料制成。在小电流的电路中，常用铅合金或锌做成熔体（熔丝）。对大电流的电路，常用铜或银做成片状或笼状的熔体。在正常负载情况下，熔体温度低于熔断温度。当电路发生短路（超过 10 倍额定电流以上的过电流）或严重过载（10 倍额定电流以下的过电流）时，电流变大，熔体温度达到熔断温度而自动熔断，切断被保护的电路。熔体为一次性使用元件，再次工作时必须换成新的熔体。

### 2．熔断器的种类和型号

熔断器按结构分为半封闭插入式、无填料封闭管式、有填料封闭管式、螺旋自复式等。

熔断器型号的含义：

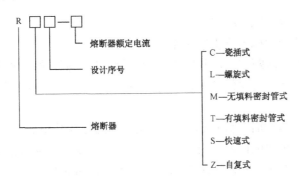

熔断器的符号如图 1-10 所示。

图 1-10　熔断器的符号

### 3．熔断器的选择与维护

根据被保护电路的需要，先选择熔体的规格，再根据熔体去确定熔断器的型号。

1）熔断器的选择

只有正确地选择熔断器和熔体，才能起到应有的保护作用。选择熔断器时要把握以下基本原则。

（1）根据使用场合确定熔断器的类型。例如，对于容量较小的照明线路或电动机的保护，宜采用 RC1A 系列插入式熔断器或 RM10 系列无填料密封管式熔断器；对于短路电流较大的电路或有易燃气体的场合，宜采用具有高分断能力的 RL 系列螺旋式熔断器或 RT（包括 NT）系列有填料封闭管式熔断器；对于保护硅整流器件及晶闸管的场合，应采用快速熔断器（RLS 或 RS 系列）。

（2）熔断器的额定电压必须等于或高于线路的额定电压。额定电流必须等于或大于所装熔体的额定电流。

（3）熔体额定电流的选择应根据实际使用情况，按以下原则进行计算。

对于照明、电热等电流较平稳、无冲击电流的负载短路保护，熔体的额定电流应等于或稍大于负载的额定电流。

对一台不经常启动且启动时间不长的电动机的短路保护，熔体的额定电流 $I_{RN}$ 应大于或等于 1.5～2.5 倍电动机额定电流 $I_N$，即 $I_{RN} \geqslant (1.5 \sim 2.5)I_N$。

对于频繁启动或启动时间较长的电动机，其系数应增加到 3～3.5。

对多台电动机的短路保护，熔体的额定电流应等于或大于其中最大容量电动机的额定电流 $I_{Nmax}$ 的 1.5～2.5 倍，再加上其余电动机额定电流的总和 $\Sigma I_N$，即

$$I_{RN} \geqslant I_{Nmax}(1.5 \sim 2.5)I_N + \Sigma I_N$$

（4）熔断器的分断能力应大于电路中可能出现的最大短路电流。

2）熔断器的维护、安装和使用注意事项

（1）熔断器熔体的额定电流不得超过熔断器的额定电流。

（2）使用 RL 螺旋式熔断器时，其底座的中心触点接电源，螺旋部分接负载，即接线端子的低端为进线端子，高端为出线端子，这样在更换熔管时，旋出螺帽后螺纹壳上不带电，保证了操作者的安全。

（3）使用 RC 瓷插式熔断器裸露安装时，底座连接的导线其绝缘部分一定要插到瓷座里，导体部分不允许外露。在配电柜内使用时，应避免震动，以防插盖脱落造成断相事故。

（4）更换熔体或熔管时，必须切断电源，尤其不允许带负荷操作，以免发生电弧灼伤。

### 1.1.7 三相异步电动机基本知识

三相笼型异步电动机由定子和转子两个基本部分组成。定子主要由铁芯、定子绕组和机座组成，转子主要由转子绕组和转子铁芯组成。当三相定子绕组通入三相对称电源后，在气隙中产生一个旋转磁场，此旋转磁场切割转子导体，产生感应电流。流有感应电流的转子导体在旋转磁场的作用下产生转矩，使转子旋转。三相异步电动机的符号如图 1-11 所示。

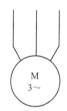

图 1-11 三相异步电动机的符号

**1. 电动机的铭牌识读**

在三相异步电动机的机座上装有铭牌，铭牌上标有电动机的型号和主要技术参数，如图 1-12 所示，供使用时参考。

图 1-12 三相异步电动机的铭牌

型号 Y132S2—2

　　Y—异步电动机。

　　132—中心高度（mm）。

　　S2—机座类别（L 长机座、M 中机座、S 短机座），铁芯长度代号 2。

2—磁极数。

防护等级：IP44

IP—特征字母，为"国际防护"的缩写。

44—4（IP后第一位）级防固体（防止大于1mm固体进入电动机）；4（IP后第二位）级防水（任何方向溅水应无影响）。

注：① 防异物等级：1防大于50mm、2防大于12mm、3防大于2.5mm、4防大于1mm固体进入电动机，5防尘电动机。

② 防水等级：1防滴水、2防滴水（15°）、3防淋水（60°）、4防溅水。

额定电压：380V。

额定电流：15A。

额定功率：7.5kW。

额定转速：2900r/min。

额定状态下绕组的接法：△接法。

**2．识读定子绕组的出线端子**

拆下接线盒，可看到如图1-13所示的三相对称定子绕组的接线端子，按规定6条引出线的头、尾分别用$U_1$、$V_1$、$W_1$、$U_2$、$V_2$、$W_2$标注标号（旧标号为$D_1$，$D_4$，$D_2$，$D_5$，$D_3$，$D_6$）。其中$U_1$、$U_2$表示第一相绕组的头、尾端；$V_1$、$V_2$表示第二相绕组的头、尾端；$W_1$、$W_2$表示第三相绕组的头、尾端。不同字母表示不同相别，相同数字表示同为头或尾。

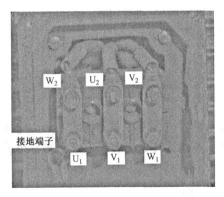
(a) 定子绕组的接线端子

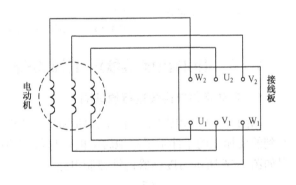
(b) 定子绕组的接线示意图

图1-13 三相异步电动机的接线端子

三相定子绕组的6根端头可将三相定子绕组接成Y或△，Y接法是将三相绕组的末端并联起来，即将$U_2$、$V_2$、$W_2$三个接线柱用铜片连结在一起，而将三相绕组首端分别接入三相交流电源，即将$U_1$、$V_1$、$W_1$分别接入A、B、C相电源，如图1-14所示。而△接法则是将第一相绕组的首端$U_1$与第三相绕组的末端$W_2$相连接，再接入一相电源；第二相绕组的首端$V_1$与第一相绕组的末端$U_2$相连接，再接入第二相电源；第三相绕组的首端$W_1$与第二相绕组的末端$V_2$相连接，再接入第三相电源。即在接线板上将接线柱$U_1$和$W_2$、$V_1$和$U_2$、$W_1$和$V_2$分别用铜片连接起来，再分别接入三相电源，如图1-15所示。

机床电气控制系统维护

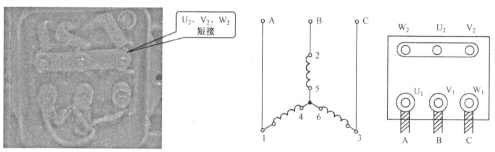

(a) 电动机的Y连接　　　　　　　　　　　(b) Y连接示意图

图 1-14　三相异步电动机定子绕组的Y连接

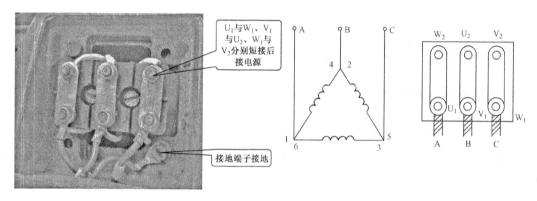

(a) 电动机的△连接　　　　　　　　　　　(b) △连接示意图

图 1-15　三相异步电动机定子绕组的△连接

## 1.1.8　电动机单向连续运行控制电路

**1. 电动机单向连续运行原理图**

如图 1-1 所示电路中，按下按钮 $SB_1$ 电动机就转动，释放按钮 $SB_1$ 电动机就停止。通常看到的要加工的工件是不停地转动的，这就需要电动机不停地运转。为实现连续运转，可采用如图 1-16 所示的接触器自锁控制电路。

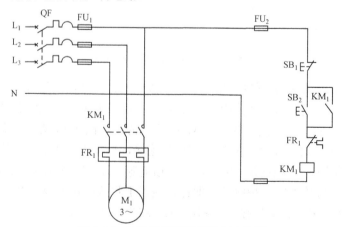

图 1-16　电动机连续运行控制电路图

## 项目1 普通车床电气控制系统的运行与维护

启动时先合上开关 QF，不带负荷接通电源。FU 是熔断器，起短路保护作用。再按下按钮 $SB_2$，

由于松手后 $SB_2$ 复位断开，由 $KM_1$ 辅助触点闭合自锁。这种依靠接触器自身辅助动合触点使其线圈保持通电的现象称为自锁（或称自保），起自锁作用的辅助动合触点，称为自锁触点（或称自保触点），这样的控制线路称为具有自锁（或自保）的控制线路。

停止时按下按钮 $SB_1$，

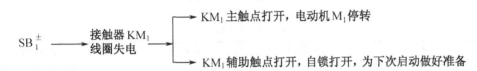

如果运行时长期过载，热继电器 $FR_1$ 的热元件受热弯曲脱扣使其常闭触点打开，控制线路断开，$KM_1$ 线圈失电而使其主触点打开，于是主电路断电，起到了保护作用。以上一套装置包括交流接触器和热继电器，称为磁力启动器。

**2．电动机单向运行电路的保护电路**

（1）短路保护是因短路电流会引起电气设备绝缘损坏产生强大的电动力，使电动机和电气设备产生机械性损坏，故要求迅速、可靠地切断电源。通常采用熔断器 FU 和过流继电器等。

（2）欠压是指电动机工作时，引起电流增加甚至使电动机停转，失压（零压）是指电源电压消失而使电动机停转，在电源电压恢复时，电动机可能自动重新启动（也称自启动），易造成人身或设备故障。常用的失压和欠压保护有对接触器实行自锁，用低电压继电器组成失压、欠压保护。

（3）过载保护是为防止三相电动机在运行中电流超过额定值而设置的保护。常采用热继电器 FR 保护，也可采用自动开关和电流继电器保护。

## 工作步骤

（1）器件的识别按以下要求进行。

① 断路器的识别。查看各种断路器实物，写出其名称与型号，并填入表1-1。

表1-1 断路器识别

| 序号 | 1 | 2 | 3 | 4 | 5 |
|---|---|---|---|---|---|
| 名称 | | | | | |
| 型号 | | | | | |

② 观察 RL1-15 型熔断器，并将识别结果填入表1-2。

表1-2 熔断器识别

| 序号 | 识别任务 | 识别方法 | 参考值 | 识别值 | 要点提示 |
|---|---|---|---|---|---|
| 1 | 读熔断器型号 | 其位置在瓷帽上 | RL1-15 | | |
| 2 | 观察上下接线端子的高度区别 | | 有高低之分 | | 低为进线端子,高为出线端子 |
| 3 | 检测判别熔断器的好坏 | 万用表置⇥,将两表棒分别搭接FU的上下端子 | 有蜂鸣音 | | 若没有蜂鸣音,说明熔体已熔断或瓷帽未旋好,造成接触不良 |
| 4 | 看熔管的色标 | 从瓷帽玻璃向里看 | 有色标 | | 若色标已掉,说明熔体已熔断 |
| 5 | 读熔管的额定电流 | 旋下瓷帽,取出熔管 | 5A | | |

③ 观察LAY系列按钮,并将识别结果填入表1-3。

表1-3 按钮识别

| 序号 | 识别任务 | 识别方法 | 参考值 | 识别值 | 要点提示 |
|---|---|---|---|---|---|
| 1 | 看按钮的颜色 | 看按钮帽的颜色 | 绿、黑、红 | | 绿色启动;黑色点动、复位;红色停止 |
| 2 | 常闭触点 | 先找到对角线上的接线端子 | 动触点闭合在常闭静触点上 | | |
| 3 | 常开触点 | 先找到另一个对角线上的接线端子 | 动触点与静触点处于分断状态 | | |
| 4 | 按下按钮,观察触点的动作情况 | 边按边看 | 常闭触点先断开,常开触点后闭合 | | 动作顺序有先后 |
| 5 | 松开按钮,观察触点的复位情况 | 边松边看 | 常开触点先复位,常闭触点后复位 | | 复位顺序有先后 |
| 6 | 检测判别常闭按钮的好坏 | 常态时,测量各常闭按钮的阻值 | 阻值均约为0Ω | | 若测量阻值与参考阻值不同,说明按钮已损坏或接触不良 |
| | | 按下按钮后,再测其阻值 | 阻值均为∞ | | |
| 7 | 检测判别常开按钮的好坏 | 常态时,测量各常开按钮的阻值 | 阻值均为∞ | | |
| | | 按下按钮后,再测其阻值 | 阻值均约为0Ω | | |

④ 热继电器的识别。

观察热继电器实物,并将识别结果填入表1-4。

表1-4 热继电器识别

| 序号 | 识别任务 | 识别方法 | 参考值 | 识别值 | 要点提示 |
|---|---|---|---|---|---|
| 1 | 读热继电器的铭牌 | 铭牌贴在热继电器的侧面 | 标有型号、技术参数等 | | 使用时,规格必须选择正确 |
| 2 | 找到整定电流调节旋钮 | | 旋钮上标有整定电流值 | | |
| 3 | 找到复位按钮 | | REST/STOP | | |
| 4 | 找到测试键 | 位于热继电器前侧的下方 | TEST | | |

续表

| 序号 | 识别任务 | 识别方法 | 参考值 | 识别值 | 要点提示 |
|---|---|---|---|---|---|
| 5 | 找到驱动元件的接线端子 | | 1/L₁—2/T₁<br>3/L₂—4/T₂<br>5/L₃—6/T₃ | | 编号在对应的接触器顶部 |
| 6 | 找到常闭触点的接线端子 | | 95-96 | | 编号在对应的接线端子旁 |
| 7 | 找到常开触点的接线端子 | | 97-98 | | |
| 8 | 检测判别常闭触点的好坏 | 常态时,测量常闭触点的阻值 | 阻值约为0Ω | | 若测量阻值与参考阻值不同,说明触点已损坏或接触不良 |
| | | 动作测试键后,再测量其阻值 | 阻值均为∞ | | |
| 9 | 检测判别常开触点的好坏 | 常态时,测量常开触点的阻值 | 阻值均约为∞ | | |
| | | 动作测试键后,再测量其阻值 | 阻值均为0Ω | | |

⑤ 交流接触器的识别。

观察交流接触器实物,并将识别结果填入表1-5。

表1-5 交流接触器识别

| 序号 | 识别任务 | 识别方法 | 参考值 | 识别值 | 要点提示 |
|---|---|---|---|---|---|
| 1 | 读接触器型号 | 读的位置在窗口侧的下方 | CJT1-10 | | |
| 2 | 读接触器线圈的额定电压 | 从接触器的窗口向里看 | 380V<br>50Hz | | 同一型号的接触器有不同的电压等级 |
| 3 | 找到线圈的接线端子 | | A₁—A₂ | | 编号在线圈端子旁 |
| 4 | 找到3对主触点的接线端子 | | 1/L₁—2/T₁<br>3/L₂—4/T₂<br>5/L₃—6/T₃ | | 编号在对应的接触器顶部 |
| 5 | 找到2对辅助常开触点的接线端子 | | 23~24<br>43~44 | | 编号在对应的接线端子外侧 |
| 6 | 找到2对辅助常闭触点的接线端子 | | 11~12<br>31~32 | | 编号在对应的接触器顶部 |
| 7 | 压下接触器,观察触点的吸合情况 | 边压边看 | 常闭触点先断开,常开触点后闭合 | | 吸合时,常开常闭触点的动作顺序有先后 |
| 8 | 释放接触器,观察触点的复位情况 | 边放边看 | 常开触点先复位,常闭触点后复位 | | 释放时,常开常闭触点的动作顺序有先后 |
| 9 | 检测判别2对常闭触点的好坏 | 常态时,测量各常闭触点的阻值 | 阻值均为0Ω | | 若测量阻值与参考阻值不同,说明触点已损坏或接触不良 |
| | | 压下接触器后,再测量其阻值 | 阻值均为∞ | | |
| 10 | 检测判别5对常开触点的好坏 | 常态时,测量各常开触点的阻值 | 阻值均为∞ | | |
| | | 压下接触器后,再测量其阻值 | 阻值均约为0Ω | | |

续表

| 序号 | 识别任务 | 识别方法 | 参考值 | 识别值 | 要点提示 |
|---|---|---|---|---|---|
| 11 | 检测判别接触器线圈的好坏 | 万用表置 R×100Ω挡，测量线圈的阻值 | 阻值约为1800Ω | | 若测量阻值过大或过小，说明线圈已损坏 |
| 12 | 测量各触点接线端子之间的阻值 | 万用表置 R×10kΩ挡，测量 | 均为∞ | | 说明所有触点都是独立的，没有电的直接联系 |

（2）根据图 1-1 列出所需的元器件明细填入表 1-6。

表 1-6　电动机点动元器件明细表

| 符号 | 名称 | 型号 | 规格 | 数量 |
|---|---|---|---|---|
| | | | | |
| | | | | |
| | | | | |
| | | | | |
| | | | | |
| | | | | |
| | | | | |

（3）按表 1-6 配齐所用电气元件，并进行质量检验。电气元件应完好无损，各项技术指标符合规定要求，否则应予以更换。

（4）在网孔板上按图 1-1 所示安装所有的电器元件，并贴上醒目的文字符号。安装时元件排列要整齐，匀称，间距合理，且便于元件的更换；紧固电器元件时用力要均匀，紧固程度要适当，做到既要使元件安装牢固，又不使其损坏。

（5）布线时要做到横平竖直，整齐、分布均匀，紧贴安装面，走线合理；严禁损伤线芯和导线绝缘层，接点牢靠，不得松动，不得压绝缘层，不反圈，不漏铜过长等。

（6）根据图 1-1 检查布线的正确性，并进行主电路和控制电路的自检。

① 主电路检查。将万用表打到 R×1 挡或数字表的 挡（如无说明，则主电路检查时均置于该位置）。用尖嘴钳按下接触器 KM 的触点架，将两只表笔分别接在 $L_1$、U；$L_2$、V；$L_3$、W 端子，应分别导通。同时 $L_1$、$L_2$、$L_3$ 两两之间应杜绝短路。

② 控制电路检查。将万用表打到 R×10 或 R×100 挡或数字万用表的 2kΩ挡（如无说明，则控制电路检查时均置于该位置），将表笔放在 $U_{12}$、N 处（如无说明，则控制电路检查时，万用表均置于该位置），万用表的读数应为无穷大，一直按着 $SB_1$，读数应该为 KM 线圈的电阻值；松开 $SB_1$，万用表的读数又变回无穷大，说明点动控制线路正常。

（7）经检验合格后，通电试车。通电时，必须经指导教师同意，由指导教师接通电源，并在现场进行监护。出现故障后，学生应独立进行检修。

接通三相电源 $L_1$、$L_2$、$L_3$，合上电源开关 QF，用电笔检查熔断器出线端，氖管亮说明电源接通。按下按钮 $SB_1$，观察电动机是否运转，松开按钮 $SB_1$，电动机是否停转，观察电器元件动作是否灵活，有无卡阻及噪声过大现象，观察电动机运行是否正常。若有异常，立即停车检查。

（8）将点动控制线路改成连续运行线路。

(9) 通电试车完毕，停转，切断电源。先拆除三相电源线，再拆除电动机负载线。

## 知识拓展

### 1.1.9 电笔的使用

电笔又称试电笔，是用来检查低压导体和电气设备外壳是否带电的辅助安全用具。其检测电压范围为 60～500V。

目前常用的试电笔有氖泡式和感应（电子）式两种；氖泡式又有钢笔式和螺钉旋具式，如图 1-17 所示。

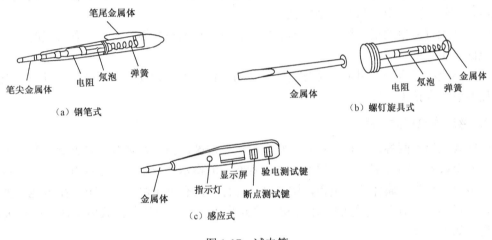

图 1-17 试电笔

**1．氖泡式电笔的使用**

当用电笔测试带电体时，电流经笔尖金属体（或螺钉旋具金属体）、电阻、氖泡、弹簧、金属体、人体到大地形成回路，只要带电体与大地间的电压超过 60V 时，电笔的氖泡就发光。由于电笔内的电阻很大，一般为 2000kΩ 左右），是人体电阻的几十倍，所以，在使用时人没有通电的感觉。

氖泡式电笔的使用方法及注意事项如下。

（1）使用氖泡式电笔时，必须以手指触及笔尾（或螺钉旋具尾）的金属体，并使氖泡小窗背光朝向自己，如图 1-18 所示。

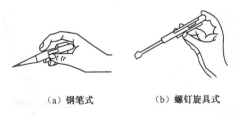

图 1-18 氖泡式电笔的握法

（2）电笔在使用前应在确知有电的电路上检验一下所用电笔氖泡发亮，证明电笔确实良好，方可使用。

（3）在检验带电电路时，应注意看清电路的电压等级，氖泡式电笔检测电压的范围为 60～500V。

（4）用电笔检查故障时，在主电路中从电源侧依次往负载侧进行。在控制电路中从电源侧往线圈方向进行。在检测分析中应注意电源从线圈的另一端返回的可能。

（5）电笔仅需很小的电流就能使氖管发光，一般绝缘不好而产生的漏电流及处在强电场附近都能使氖泡发亮，这些情况要与所测电路是否确实有电加以区别。

氖泡式电笔除可用来测试相线（俗称火线）和中性线（俗称地线）之外，还有下列用途。

（1）区别电压的高低。测试时可以根据氖管发亮的强弱程度来估计电压的高低。

（2）区别直流电与交流电。交流电通过电笔时，氖管里的两个极同时发亮；直流电通过电笔时，氖管里两个电极只有一个发亮。

（3）区别直流电的正负极。把电笔连接在直流电路的正负极之间，氖管发亮的一端即为直流电的负极。

（4）检查相线碰壳。用电笔触及电气设备的壳体，若氖管发亮，则是相线碰壳且壳体的安全接地或安全接零不好。

**2．感应式电笔的使用**

感应式电笔有两种，一种是只有"验电测试"按键，另一种是有"验电测试"及"断点测试"两个按键，两种都有一个用发光二极管制成的指示灯及由液晶显示电压值的显示屏。感应式电笔前端为金属体的触电极，塑料绝缘壳体内部有电子电路及两节纽扣电池（供电路及断点测量用）。感应式电笔的使用方法及注意事项除包括上述氖泡式电笔内容中有关部分外，还有如下几项。

（1）检查电路某点是否带电时，应用拇指压下"验电测试"键，电路若带电，指示灯亮，显示屏将显示所测电路电压值，一般会出现连续的几个数值，如 12、36、55、110、220，这时应取电压在 220V 左右，而不一定刚好就是 220V。

上述数值的大小是由电路电压决定的，但若手与"验电测试"键接触不紧密或未将其压实，就会使显示数值小于实际值。

（2）若在上述检查中，显示屏有数字，但指示灯不亮，则可能是电笔内电池接触不良或电压已很低（此时用"断点测试"也不会亮），应拆开后盖检查修理。

（3）当导线中间有断点时，可在导线通电时，将拇指压住电笔的"断点测试"键，并将金属体触电极放在导线上，若指示灯亮，说明该点与电源相线是导通的，如图 1-19 所示。

 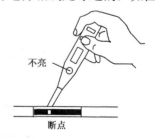

（a）导线没有断点　　　　　　　　　　　（b）导线有断点

图 1-19　用感应电笔检查导线断点

### 3. 电笔使用注意事项

（1）用电笔前，一定要在有电的电源上检查氖管能否正常发光。
（2）在明亮的光线下测试时，往往不易看清氖管的辉光，所以应当避光检测。
（3）不做旋具使用。
（4）不可受潮，不可随意拆装。

## 1.1.10 万用表的使用

万用表是一种可以测量多种电量的多程便携式仪表，可以用来测量交流电压、直流电压、直流电流和电阻值等。

### 1. 指针式万用表的基本使用方法

首先，把万用表放置水平状态，视其表针是否处于零点（指电流、电压挡刻度的零点），若不是，则应调整表头下方的"机械零位调整"，用小一字螺丝刀细心调整机械零位，使指针指向零点。然后根据被测项目，正确选择万用表上的测量项目及拨盘开关。如已知被测量值数量级，就选择与其相对应的数量级量程。如不知被测量值的数量级，则应从选择最大量程开始测量。当指针偏转角太小而无法精确读数时再把量程减小。一般以指针偏转角不小于最大刻度的 30% 为合理量程。

1）用万用表测量电阻

MF-47 型万用表测量电阻挡位有 Ω×1、×10、×100、×1k、×10k 五挡供选择。

（1）测量时应首先观察表针是否在机械零位。如不在零位用小一字螺丝刀小心调整"机械零位"使指针回归到零点，这叫"机械调零"。

（2）把万用表拨盘开关拨到 Ω×1～×10k 中一个合适挡位，把红、黑两表笔相碰，使 RX=0（短路）调整表盘右下方的Ω调整器，使指针指在 0Ω处，而且每次使用前都要重新调整零位，这叫"电调零"。每次选择"倍率"挡位后都要重新电调零。这是因为内接干电池随着使用时间加长，其提供的电源内阻会增大，指针就有可能达不到满刻度，此时必须调整Ω旋钮，使表头分流电流降低，以达到满刻度电流 $I_g$ 的要求。

（3）为了提高测量的精度和保证被测对象的安全，必须正确选择合适的量程。一般测电阻时，要求指针在全刻度的 20%～80% 的范围，这样测量精度才能满足要求。

（4）由于测量电阻时，就内接干电池对外电路而言，红表笔接干电池的负极，黑表笔接干电池的正极，在测晶体二极管正向电阻时，黑表笔接二极管正极，红表笔接二极管负极。

（5）测量较大电阻时，两手不要同时接触被测电阻的两端，不然，人体电阻就会与被测电阻并联，使测量电阻数值低于实际电阻数值，测量结果不正确。

另外，要测有源电路上的电阻时，一定要将电路的电源切断，不然，不但测量结果不准确（相当于再外接一个电压）还可能因为大电流通过微安表头，把表头烧坏。同时，也要将被测电阻的一端从电路上焊开，再进行测量，不然测得的是电路在该两点的总电阻。

（6）测量的电阻值是表针指示的数值乘以倍率。如测量时指针指到 30，倍率在 Ω×10 挡位上，那么，被测电阻是 30×10=300（Ω）。

测量的准确值与万用表所拨挡位的倍率有很大的关系，倍率越大，准确性越差。倍率挡位很大，而被测电阻值很小，实测的电阻值会趋于零；倍率挡位很小，被测电阻值很大，实测的电阻值会趋于无穷大。

测量完成后，应注意把拨盘开关拨在交流电压的最大量程位置，千万不要放在欧姆挡，以防止再次使用时因误操作，用欧姆挡位去测量电压或电流而造成万用表表头损坏，或者两支表笔长期短路将内部干电池全部耗尽。

2）万用表测量直流电流

MF—47F 型万用表测量直流电流挡位有 0.05mA、0.5mA、5mA、50mA、500mA 五挡供选择。

（1）把万用表拨好挡位，串接在被测电路中，注意电流的方向、正确接法，把红表笔接电流流入的一端，黑表笔接电流流出的一端。如果不知被测电流的方向，那么在电路一端先接好一支表笔，另一支表笔在电路另一端轻轻地碰一下，如果指针向右摆动，说明接线正确；如果指针向左摆动（低于零点）说明表笔接反了，应把万用表的两支笔位置调换即可。

（2）选择相应的量程，在看清读数和刻度同时尽量选用大量程挡位。因为量程挡位越大，分流电阻越小，电流表对被测电路影响和引入的误差也越小。

（3）在测量大电流（如 500mA）时，千万不要在测量过程中拨动拨盘开关，以免产生电弧烧坏拨盘开关的触点。

3）用万用表测量直流电压

MF—47F 型万用表测量直流电压挡位有 1000V、500V、250V、50V、10V、2.5V、lV、0.25V 八个挡位供选择。

（1）根据直流电压高低，把万用表拨盘开关拨至直流电压合适挡位处。

（2）万用表两表笔并联接在待测电路中，在测量直流电压时，应注意被测点电压极性，正确接法，把红表笔接电压高的一端，黑表笔接电压低的一端。如果不知被测电压的极性，可按前述测量电流时试探方法试一下，如指针向右偏转即可以进行测量；如指针向左偏转，把红、黑表笔调换位置，方可测量。

（3）为了减少电压表内阻引入的误差，在指针偏转大于或等于最大刻度的 30%时，尽量选择大量程挡。因为量程越大，分压电阻越大，电压表的等效内阻越大，对被测电路引入的误差越小。如果被测电路的内阻很大，就要求电压表的内阻更大，才会使测量精度高。此时需要换用电压灵敏度更高（内阻更大）的万用表来进行测量。如 MF-10 型万用表的最大直流电压灵敏度（100kΩ/V）比 MF-47F 型万用表的最大直流电压灵敏度（20kΩ/V）高。

4）用万用表测量交流电压

MF—47F 型万用表测量交流电压表挡位有 1000V、500V、250V、50V、10V 五挡供选择。

（1）在测量交流电压时，不必考虑极性问题，只要将万用表并接在被测两端即可。一般因为交流电压内阻很小，所以不必要选用高电压灵敏度的万用表。注意交流电压挡被测的只能是正弦波，其频率应小于或等于万用表的允许工作频率，否则就会产生较大误差。

（2）不要在测较高的电压（如 220V）时拨动拨盘开关，以免产生电弧，烧坏拨盘开关的触点。

（3）在测大于或等于 100V 的较高电压时，必须注意安全。最好先把一支笔固定在被测量电路的公共端，然后用另一支表笔去接触另一端测试点。

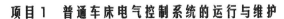

(4) 几点经验：直流电压挡测量交流电压，电压值为零，而且测量时间过长（直流电压挡位低于被测交流电压条件下）万用表将被烧毁；交流电压挡测量直流电压时电压读数可能为零，也可能电压读数虚高（与万用表红黑表笔接法有关）；在测量有感抗的电路中的电压时，在测量后，必须先把万用表断开，再关闭电源。不然在切断电源时，因为电路感抗元件的自感现象，可能会产生高压把万用表烧坏。

(5) 万用表测量电平。在电路系统中常用电平表示该点的电压有效值。故万用表交流电压挡上带有电平刻度，零电平是指 600Ω阻抗上产生 1mW 的功率，即对应的电压有效值为 0.775V。如果被测电路阻抗不等于 600Ω，则按下式进行核算。

$$实际电平值 = 万用表 dB 读数 + 10\lg(600/z)$$

式中，z——被测电路的阻抗值。

如果负载上的阻抗改变为 135Ω/dB，所测得的信号电压是 0.367V 左右。

测电平时应把万用表放置在交流 10V 挡上，万用表只适宜测量音频电平。如果电路上有直流电压，就必须串接一只 0.1μF/450V 电容器，将直流隔断后再进行测量。

5）使用万用表的注意事项

(1) 使用前认真阅读说明书，充分了解万用表的性能，正确理解表盘上各种符号和字母的含义及各条标度尺的读法，了解和熟悉转换开关等部件的作用和用法。

(2) 测量前，要观察表头指针是否处于零位（电压、电流标度尺的零点），若不在零位，则应调整表头下方的机械调零旋钮，使其指零。否则，测量结果将不准确。

(3) 测量前，要根据被测量的项目和大小，把转换开关拨到相应的挡位，并选择合适的量程挡。量程的选择，应尽量使表头指针偏转到标度尺满刻度偏转的三分之二左右。如果事先无法估计被测量量程的大小，可在测量中从最大量程挡逐渐减小到合适的挡位。每次拿起表笔准备测量前，一定要再校对一下测量挡位和量程。

(4) 测量时，要根据选好的挡位和量程挡，明确应往哪一条标度尺上读数，并应清楚标度尺上一个小格代表多大数值，读数时眼睛应位于指针正上方。对有弧形反射镜的表盘，当看到指针与镜里的像重合时，读数最准确。一般情况下，除了应读出整数值外，还要根据指针的位置再估计读取一位小数。

(5) 测量直流电流及电压时，为防止指针反方向偏转，将电表接入电路时，要注意"+"、"−"端的位置。测电流时，应使被测电流从电表"+"端进去从"−"端出来；测电压时，电表"+"端应接被测电压的正极，"−"端接负极。如果事先不知道被测电流的方向和被测电压的极性，可将任意一支表笔先接触被测电路或元器件的任意一端，另一支表笔轻轻地试触一下另一被测端，若表头指针向右（正方向）偏转，说明表笔正负极性接法正确，若表头指针向左（反方向）偏转，说明表笔极性接反了，交换表笔即可测量。

(6) 测量电流时，万用表必须串联到被测电路中。如果将电流表误与负载并联，因它的内阻很小，近似于短路，会导致仪表被烧坏。更不可将电流表直接接在电源的两端，否则，将会造成更严重的后果。

(7) 测量电压时，万用表必须并联在被测电压的两端。当测量高电压时，则要在测量前将电源切断，将表笔与被测电路的测试点连接好，待两手离开后，再接通电源进行读数，以保证人身安全。

(8) 测量电阻前必须先将被测电路的电源切断，绝不可在被测电路带电的情况下进行测量；接着调整欧姆零点，每次更换倍率挡时，都应重新调整；然后，将表笔跨接在被测电阻或电路的两端进行测量。

（9）在测量过程中，严禁拨动转换开关选择量程，以免损坏转换开关触点，同时，也可避免误拨到过小量程挡而撞弯指针或烧坏表头。

（10）测量结束，应将万用电表转换开关拨到最高交流电压挡，防止下次测量时不慎损坏表头。这样做也可避免将转换开关拨到欧姆挡，两只表笔偶然相碰短路，消耗表内电池的电能。

### 2．数字式万用表的基本使用方法

首先按下电源开关，观察液晶显示是否正常，是否有电池缺电标志出现，若有，则要先更换电池。

使用前注意测试笔插孔旁边的符号，要注意测试电压和电流不要超出指示数字，并将量程放置在想测量的挡位上。

下面以 VC9804 为例说明使用操作方法。

1）测量直流电压

（1）将黑表笔插入"COM"插孔，红表笔插入 V/Ω/Hz 插孔。

（2）将量程开关转至相应的 DCV 量程上，然后将测试表笔跨接在被测电路上，红表笔所接的该点电压与极性显示在屏幕上。

> 注意：
> （1）如果事先对被测电压范围没有概念，应将量程开关转到最高挡位，然后根据显示值转至相应挡位上。
> （2）未测量时小电压挡有残留数字，属正常现象，不影响测试，如测量时高位显"1"，表明已超过量程范围，须将量程开关转至较高挡位上。
> （3）输入电压切勿超过 1000V，如超过，则有损坏仪表线路的危险。
> （4）当测量高压电路时，注意避免触及高压电路。

2）测量交流电压

（1）将黑表笔插入"COM"插孔，红表笔插入 V/Ω/Hz 插孔。

（2）将量程开关转至相应的 ACV 量程上，然后将测试表笔跨接在被测电路上。

> 注意：
> （1）如果事先对被测电压范围没有概念，应将量程开关转到最高挡位，然后根据显示值转至相应挡位上。
> （2）未测量时小电压挡有残留数字，属正常现象，不影响测试，如测量时高位显"1"，表明已超过量程范围，须将量程开关转至较高挡位上。
> （3）输入电压切勿超过 700Vrms，如超过，则有损坏仪表线路的危险。
> （4）当测量高压电路时，应注意避免触及高压电路。

3）测量直流电流

（1）将黑表笔插入"COM"插孔，红表笔插入"mA"插孔（最大为 2A），或红笔插入

"20A"中（最大为20A）；

（2）将量程开关转至相应的 DCA 挡位上，然后将仪表串入被测电路中，被测电流值及红色表笔点的电流极性将同时显示在屏幕上。

> 注意：
> （1）如果事先对被测电压范围没有概念，应将量程开关转到最高挡位，然后根据显示值转至相应挡位上。
> （2）如 LCD 显示"1"，表明已超过量程范围，须将量程开关调高一挡。
> （3）最大输入电流为 2A 或者 20A（视红表笔插入位置而定），过大的电流会将熔断器熔断，在测量 20A 时要注意，该挡位没有保护，连续测量大电流将会使电路发热，影响测量精度，甚至损坏仪表。

4）测量交流电流

（1）将黑表笔插入"COM"插孔，红表笔插入"mA"插孔（最大为2A），或红笔插入"20A"（最大为20A）；

（2）将量程开关转至相应的 ACA 挡位上，然后将仪表串入被测电路中。

> 注意：
> （1）如果事先对被测电流范围没有概念，应将量程开关转到最高挡位，然后按显示值转至相应挡位上。
> （2）如 LCD 显示"1"，表明已超过量程范围，须将量程开关调高一挡。
> （3）最大输入电流为 2A 或 20A（视红表笔插入位置而定），过大的电流会将熔断器熔断，在测量 20A 时要注意，该挡位无保护，连续测量大电流将会使电路发热，影响测量精度，甚至损坏仪表。

5）测量电阻

（1）将黑表笔插入"COM"插孔，红表笔插入 V/Ω/Hz 插孔。

（2）将所测开关转至相应的电阻量程上，将两表笔跨接在被测电阻上。

> 注意：
> （1）如果电阻值超过所选的量程值，则会显示"1"，这时应将开关转高一挡；当测量电阻值超过 1MΩ 以上时，读数需几秒时间才能稳定，这在测量高电阻值时是正常的。
> （2）当输入端开路时，则显示过载情形。
> （3）测量在线电阻时，要确认被测电路所有电源已关断而所有电容都已完全放电时，才可进行。
> （4）请勿在电阻量程输入电压。

6）测量电容

（1）将量程开关置于相应之电容量程上，将测试电容插入"Cx"插孔。

（2）将测试表笔跨接在电容两端进行测量，必要时注意极性。

**注意:**
（1）如被测电容超过所选量程的最大值，显示器将只显示"1"，此时则应将开关转高一挡。
（2）在测试电容之前，LCD 显示可能尚有残留读数，属正常现象，它不会影响测量结果。
（3）大电容挡测严重漏电或击穿电容时，将显示一数字值且不稳定。
（4）在测试电容容量之前，对电容应充分放电，以防止损坏仪表。

7）测量三极管为 NPN 或 PNP 型

将量程开关置于 hFE 挡。

决定所测晶体管为 NPN 型或 PNP 型，将发射极、基极、集电极分别插入相应插孔。

8）测试二极管通断

将黑表笔插入"COM"插孔，红表笔插入 V/Ω/Hz 插孔（注意红表笔极性为"+"）。

将量程开关置⇥挡，并将表笔连接到待测试二极管，红表笔接二极管正极，读数为二极管正向降压的近似值。

将表笔连接到待测线路的两点，如果内置蜂鸣器发声，则两点之间的电阻值低于约（70±20）Ω。

9）测试频率

将表笔或屏蔽电缆接入"COM"和 V/Ω/Hz 输入端。

将量程开关转到频率挡位上，将表笔或电缆跨接在信号源或被测负载上。

**注意:**
（1）输入超过 10Vrms 时，可以读数，但不保证准确度。
（2）在噪声环境下，测量上信号时最好使用屏蔽电缆。
（3）在测量高电压电路时，千万不要触及高压电路。
（4）禁止输入超过 250V 直流或交流峰值的电压，以免损坏仪表。

10）测量温度

将量程开关置于℃或℉量程上，将热电偶传感器的冷端（自由端）负极（黑色插头）插入"mA"插孔中，正极（红色插头）插入 V/Ω/Hz 插孔，热电偶的工作端（测温端）置于待测物上面或内部，可直接从显示器上读取温度值，读数为摄氏度或华氏度。

**注意:**
（1）温度挡常规显示随机数，测温度时必须将热电偶插入温度测试孔内，为了保证测量数据的精确性，测量温度时须关闭 LIGHT 开关。
（2）请勿随意更改测温传感器，否则不能保证测量准确度。
（3）严禁在温度挡输入电压。
（4）要求测量高温时，须配用专用的测温探头。

11）使用注意事项

（1）不要将高于 1000V 直流电压或 700Vrms 的交流电压接入。

（2）不要在量程开关为Ω位置时，去测量电压值。
（3）在电池没有装好或后盖没有上紧时，不要使用此表进行测试工作。
（4）在更换电池或熔断器前，请将测试表笔从测试点移开，并关闭电源开关。

## 1.1.11 电气安全基本常识

电气安全是以安全为目标，以电气为领域的应用科学。这门科学是与电相关联的，而不是仅与用电或电器相关联的。因此，用电安全和电器安全都不等于电气安全，二者都包含在电气安全之中。电气安全虽然涉及很多学科，但其主线总是围绕着电，其基本理论是电磁理论。随着科学技术的发展，电能已成为工农业生产和人民生活不可缺少的重要能源之一，电气设备的应用也日益广泛，人们接触电气设备的机会随之增多。如果没有安全用电知识，就很容易发生触电、火灾、爆炸等电气事故，以致影响生产，危及生命。因此，研究和探讨触电事故的规律和预防措施是十分必要的。

**1. 触电事故的种类**

人体是导体，当人体接触到具有不同电位的两点时，由于电位差的作用，在人体内形成电流。这种现象就是触电。电流对人体的伤害有两种类型，即电击和电伤。电击是电流通过人体内部，影响呼吸、心脏和神经系统，引起人体内部组织的破坏，以致死亡。电伤主要是对人体外部的局部伤害，包括电弧烧伤、熔化的金属渗入皮肤等伤害。这两类伤害在事故中也可能同时发生，尤其在高压触电事故中比较多，绝大部分属电击事故。电击伤害的严重程度与通过人体的电流大小、电流通过人体的持续时间、电流通过人体的途径、电流的频率及人体的健康状况等因素有关。

电击是最危险的触电事故，大多数触电死亡事故都是电击造成的。当人直接接触了带电体，电流通过人体，使肌肉麻木、抽动，如不能立刻脱离电源，将使人体神经中枢受到伤害，引起呼吸困难，心脏麻痹，以致死亡。

电伤是电流的热效应、化学效应或机械效应对人体造成的伤害。电伤多见于人体外部表面，且在人体表面留下伤痕。其中电弧烧伤最为常见，也最为严重，可使人致残或致命。此外还有电烙印、烫伤、皮肤金属化等。

触电事故的发生多数是由于人直接碰到了带电体或接触到因绝缘层损坏而漏电的设备，站在接地故障点的周围，也可能造成触电事故。触电事故可分为以下几种。

1）人直接与带电体接触触电事故

按照人体触及带电体的方式和电流通过人体的途径，此类事故可分为单相触电和两相触电。单相触电是指人体在地面或其他接地导体上，人体某一部分触及一相带电体而发生的事故。两相触电是指人体两处同时触及两带电体而发生的事故，危险性较大。此类事故约占全部触电事故的40%以上。

2）与绝缘层损坏的电气设备接触的触电事故

正常情况下，电气设备的金属外壳是不带电的，当绝缘层损坏而漏电时，触到这些外壳，就会发生触电事故，触电情况和接触带电体一样。此类事故占全部触电事故的50%以上。

3）跨步电压触电事故

当带电体接地有电流流入地下时，电流在接地点周围产生电压降，人在接地点周围两脚

之间出现电压降，即造成跨步电压触电。

### 2. 电磁场事故

电磁场伤害事故是由电磁波的能量造成的。人体在高频电磁场作用下，吸收辐射能量会受到不同程度的伤害。电磁辐射对人体的危害主要表现在它对人体神经系统的不良作用，主要症状是神经衰弱，具体表现为头昏脑涨、无精打采、失眠多梦、疲劳无力，以及记忆力减退和神情沮丧等，有时还有头痛眼涨、四肢酸痛、食欲不振、脱发、多汗、体重下降等现象。人经常连续长时间看电视或计算机屏幕，尤其是在人的眼和耳疲劳时，为了看清楚而更近距离观看时，常会在第二天或一段时间里出现上述部分感觉或症状。国外医学研究表明，"使用计算机终端机每周超过 20h 的妇女流产概率较高"。尽管其中有人体自然疲劳的因素，但电磁辐射的不良作用却是不能忽视的。在美国和前苏联的早期研究中，从事与电视、广播、雷达、导航、微波和通信等电磁辐射有关工作的人员普遍出现上述症状，而那时人们的生活中很少有家用电器。

电磁场辐射除可能伤害人身外，还可能经过感应和能量传递引起电引爆线路和电引爆器件误动作，酿成灾害性爆炸。

### 3. 静电事故

静电是指分布在电介质表面或体积内，以及在绝缘导体表面处于静止状态的电荷。静电现象是一种常见的带电现象，在工业生产中也较为普遍。一方面，人们利用静电进行某些生产活动，例如应用静电进行除尘、喷漆、植绒、选矿和复印等；另一方面，又要防止静电给生产带来危害，例如，化工、石油、纺织、造纸、印刷、电子等行业生产中，传送或分离中的固体绝缘物料，输送或搅拌中的粉体物料，流动或冲刷中的绝缘液体，高速喷射的蒸汽或气体都会产生和积累危险的静电。静电电量虽然不大，但电压很高，容易产生火花放电，从而引起火灾、爆炸或电击。为了防止静电危害，化工企业必须做好静电安全工作，开展安全教育和培训，使职工懂得静电产生的原理和静电的危害，掌握防止静电危害的措施。

### 4. 雷电事故

雷电是大气电，雷击是大气中的电能造成的。雷击是一种自然灾害，它除了可以毁坏设备和设施外，也可以伤及人畜，还可能引起火灾和爆炸。建筑物和构筑物都应有防雷措施。打雷闪电多发生在夏季，是从积雨云中发展起来的自然放电现象。积雨云起电的原因有许多说法，大多数认为是云中的霰粒与冰晶摩擦或霰粒使温度低于 0℃ 的云滴在它上面碰撞而冻结，并在碰冻时表面飞出碎屑而引起。当冰晶的两头间隙有差异时热的一头氢离子扩散速度比氢氧根离子快而带负电，冷的一端则带正电，一旦冰晶断裂正负电将分居两个小残粒上。另一方面，云滴在霰粒表面碰冻时，冰壳外表面带正电，内表面带负电，当外壳破碎时，破碎的壳屑带正电而霰粒表面带负电，碎壳因细小受上升力的推动而积于云的上部，霰粒则因较重而聚积在云的底部而形成电位差，当电位差达到几百米几千伏时，便有滚滚雷声，条条闪电，这就是雷电。云层与云层之间放电，虽然有很大的声响和强烈的闪电，对人们危害不大，只有云层对大地放电才会使建筑物、电气设备或人畜等受到破坏和伤亡，其破坏作用由以下三方面引起。

（1）直接雷击：是雷云直接对地面物体放电，雷击的时间虽然很短，只有万分之一到百分之几秒，但有很大的电流通过，可达 100~200kA，使空气温度骤然升到摄氏 1~2 万℃，产生强烈的冲击波，造成房屋损坏，人畜伤亡。当雷电流通过有电阻或电感的物体时，能产生很大的电压降和感应电压，破坏绝缘，产生火花，使设备损坏，甚至引起燃烧、爆炸，使危害进一步扩大。

（2）感应放电：是附近落雷所引起的电磁作用的结果，可分为静电感应和电磁感应两种。

静电感应是由于建筑物上空有雷云时，建筑物会感应出与雷云所带电负荷相反的电荷。雷云向地面开始放电后，在放电通路中的电荷迅速中和，但建筑物顶部的电荷不能立刻流散入地，便形成很高的电位，造成在建筑物内的电线、金属设备、金属管道放电，引起火灾、爆炸和人身事故。电磁感应是当雷电流通过金属体入地时，形成强大的磁场，能使附近的金属导体感应出高电势，在导体回路的缺口引起火花。

（3）由架空线路引入高电位：架空线路在直接雷击或在附近落雷而感应过电压时，如不设法在中途使大量电荷流散入地，就会沿架空线路引进屋内，造成房屋损坏或电气设备绝缘被击穿等现象。

5．电路故障

电路故障是由电能传递、分配和转换失去控制造成的。电气线路或电气设备发生故障可能影响到人身安全，异常停电也可能影响到人身安全。这些虽然是电路故障，但从安全系统的角度考虑，同样应当注意这些不安全状态可能造成的事故。

### 问题与思考 1-1

1. 什么是电动机点动控制？
2. 电路中 FU、KM、FR、SB 分别是什么电气元件的文字符号？
3. 熔断器有哪几种类型？试写出各种熔断器的型号及其在电路中的作用。
4. 交流接触器主要由哪几部分组成？简述其工作原理。
5. 使用万用表应注意什么？
6. 根据所学知识，设计点动与连续运行混合电路。

## 任务 1-2　车床电动机顺序启动控制线路的安装调试

知识分布网络

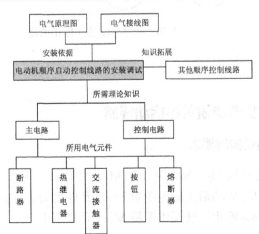

机床电气控制系统维护

### 任务目标

训练学生三相异步电动机顺序启动控制线路的设计、绘制、安装、调试与故障排查能力和整体控制系统的调试、评价能力,进一步熟悉断路器、按钮在控制电路中的应用。

### 任务描述

在车床等电气设备上,主轴和润滑油泵分别由两个电动机拖动,车床在加工过程中的机械运动部件(如车床床头箱等)需要润滑,常常要求润滑油泵启动后,主轴电动机才能启动,而在停止工作时,需要先停止主轴电动机然后再停止润滑油泵电动机,能实现这种控制的线路就是三相异步电动机顺序启动控制线路,该工作任务是完成三相异步电动机的顺序启动控制线路的设计、安装、调试与故障排除。

### 实践操作

能实现主轴和润滑油泵启动和停止的电气原理图如图 1-20 所示,按图所示电路连接线路,通电演示顺序启动逆序停止过程。

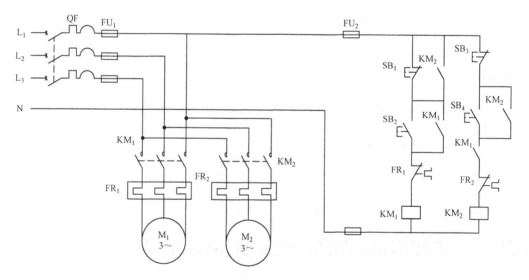

图 1-20 顺序启动逆序停止电路

### 相关知识

#### 1.2.1 三相异步电动机顺序启动线路

**1. 三相异步电动机控制要求**

1)车床的主轴电动机 $M_2$、油泵电动机 $M_1$ 的工作顺序要求

(1)油泵电动机 $M_1$ 启动后主轴电动机 $M_2$ 才允许启动。

(2)主轴电动机 $M_2$ 停止后油泵电动机 $M_1$ 才允许停止。

2）控制电路

$KM_1$ 的常开触点串联在 $KM_2$ 的线圈电路中，$KM_2$ 的常开触点并联在 $SB_1$ 的两端。

3）控制特点

（1）启动时，必须 $M_1$ 启动后，$M_2$ 才能启动。

（2）停止时，必须 $M_2$ 先停止，$M_1$ 才能停止。

（3）过载保护在各自的控制电路中。

4）结论

（1）要求甲接触器动作后乙接触器才能动作，则将甲接触器的常开触点串联在乙接触器的线圈电路中。

（2）要求乙接触器停止后甲接触器才能停止，则将乙接触器的常开触点并联在甲接触器的停止按钮两端。

### 1.2.2 刀开关

刀开关又称闸刀开关，是一种结构最简单、应用较广泛的手动电器。在低压（直流小于1500V，交流小于 1200V）电路中，作为不频繁接通和分断电路用，或用来将电路与电源隔离，也常用来直接启动小容量的异步电动机。

#### 1. 刀开关的结构

如图 1-21 所示为刀开关的结构，它由操作手柄、触刀、静插座和绝缘底板组成。推动手柄用来实现触刀插入插座与脱离插座的控制，以达到接通电路和分断电路的要求。

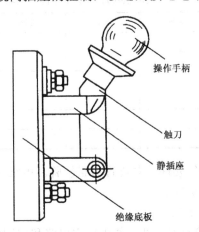

图 1-21 刀开关的结构

刀开关的种类很多，按刀的极数可分为单极、双极和三极，按刀的转换方向可分为单掷和双掷，按灭弧情况可分为带灭弧罩和不带灭护罩，按接线方式可分为板前接线和板后接线式。机床上常用的三极开关长期允许通过的电流有 100A、200A、400A、600A、1000A 五种，目前生产的产品常用型号有 HD（单投）和 HS（双投）等系列型号。

刀开关的文字和图形符号如图 1-22 所示。

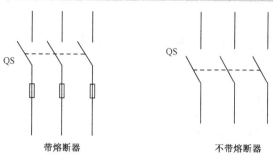

图 1-22　刀开关的文字和图形符号

**2. 刀开关的选用及安装注意事项**

（1）刀开关的选用依据主要是电源种类、电压等级、电动机容量、所需极数及使用场合等。如果用来控制不经常起停的小容量异步电动机时，其刀开关额定电流应不小于电动机额定电流的 3 倍。

（2）刀开关在安装时必须垂直安装，使闭合操作时的手柄操作方向从下向上合，不允许平装或倒装，以防误合闸；电源进线应接在静触点一边的进线座，负载接在动触点一边的出线座，在分闸和合闸操作时，应动作迅速，使电弧尽快熄灭。

## 工作步骤

（1）根据图 1-20 列出所需的元件并填入明细表 1-7。

表 1-7　电动机顺序启动元器件明细表

| 符号 | 名称 | 型号 | 规格 | 数量 |
|---|---|---|---|---|
|  |  |  |  |  |
|  |  |  |  |  |
|  |  |  |  |  |
|  |  |  |  |  |
|  |  |  |  |  |
|  |  |  |  |  |

（2）按表 1-7 配齐所用电气元件，并进行质量检验。电气元件应完好无损，各项技术指标符合规定要求，否则应予以更换。

（3）安装布线要求同任务 1-1。

（4）根据图 1-20 检查布线的正确性，并进行主电路和控制电路的自检。

① 主电路检查同任务 1-1。

② 控制电路的检查。

- 按下 $SB_4$ 或 $KM_2$，读数为无穷大。
- 按下 $SB_2$ 或 $KM_1$，读数应为 $KM_1$ 线圈的电阻值，同时按下 $SB_1$，读数为无穷大。
- 按下 $SB_3$，同时按下 $KM_1$，读数为 $KM_2$ 线圈电阻值，同时按下 $SB_1$ 或 $SB_2$，读数为无穷大。

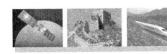

## 项目1 普通车床电气控制系统的运行与维护

（5）经检验合格后，通电试车。通电时，必须经指导教师同意，由指导教师接通电源，并在现场进行监护。出现故障后，学生应独立进行检修。

接通三相电源 $L_1$、$L_2$、$L_3$，合上电源开关 QF，用电笔检查熔断器出线端，氖管亮说明电源接通。按下按钮 $SB_1$，电动机 $M_1$ 运转，按下 $SB_4$，电动机 $M_2$ 运转，按下 $SB_3$，电动机 $M_2$ 停转，然后再按下 $SB_1$，电动机 $M_1$ 停转，观察电气元件动作是否灵活，有无卡阻及噪声过大现象，观察电动机运行是否正常。若有异常，立即停车检查。

（6）通电试车完毕，停转，切断电源。先拆除三相电源线，再拆除电动机负载线。

### 知识拓展

#### 1.2.3 三相异步电动机其他顺序启动控制电路

**1. 顺序启动顺序停止控制电路**

在有的特殊控制中，要求 A 电动机先启动后才能启动 B 电动机，A 电动机停止后，B 电动机才能停止，其电气控制原理图如图 1-23 所示。

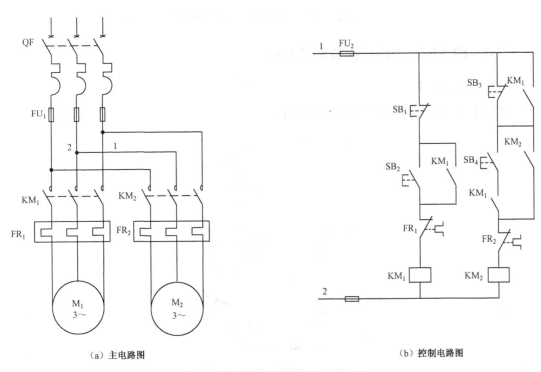

（a）主电路图　　　　　　　　　　　　（b）控制电路图

图 1-23　顺序启动顺序停止控制电路图

**2. 顺序启动同时停止控制电路**

有的特殊控制中，要求 A 电动机先启动后才能启动 B 电动机，而停止时两电动机同时停止，其电气控制原理图如图 1-24 所示。

33

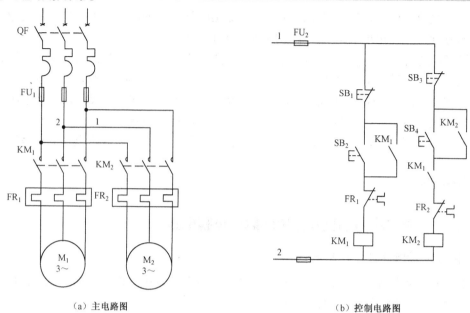

(a) 主电路图　　　　　　　　　　　(b) 控制电路图

图 1-24　顺序启动同时停止控制电路图

## 1.2.4　电气控制电路断路故障的检修

### 1. 试电笔检修法

试电笔检修断路故障的方法如图 1-25 所示。

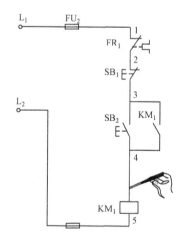

图 1-25　试电笔检修断路故障的方法

检修时用试电笔依次测试1、2、3、4各点，并按下 $SB_2$，测量到哪一点试电笔不亮即为断路处。用试电笔测试断路故障应注意：

（1）在有一端接地的 220V 电路中测量时，应从电源侧开始，依次测量，并注意观察试电笔的亮度，防止由于外部电场、泄漏电流造成氖管发亮，而误认为电路没有断路。

（2）当检查 380 V 且有变压器控制的电路中的熔断器是否熔断时，应防止由于电源通过另一相熔断器和变压器的一次侧绕组回到已熔断的熔断器的出线端，造成熔断器没有熔断的假象。

### 2．万用表检修法

1）电压测量法

检查时把万用表旋到交流电压 500V 挡位上。

（1）分阶测量法。电压的分阶测量法如图 1-26 所示。

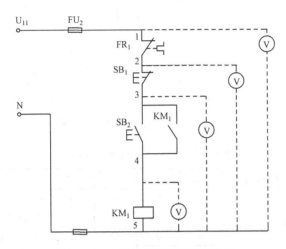

图 1-26　电压的分阶测量法示意图

检查时，首先用万用表测量 1、5 两点间的电压，若电路正常应为 220 V，然后按住启动按钮 $SB_2$ 不放，同时将黑表棒接到 5 号线上，红色表棒依次接 2、3、4、各点，分别测量 5-2、5-3、5-4 各阶之间的电压，电路正常情况下，各阶的电压值均为 220 V，如测到 5-2 电压为 220 V，5-3 无电压，则说明按钮 $SB_1$ 的动断触点（2-3）断路。根据各阶电压值来检查故障的方法见表 1-8。这种测量方法其过程像台阶一样，所以称为分阶测量法。

表 1-8　分阶段测量法判别故障原因

| 故障现象 | 测试状态 | 5-1 | 5-2 | 5-3 | 5-4 | 故障原因 |
| --- | --- | --- | --- | --- | --- | --- |
| 按下 $SB_2$，$KM_1$ 不吸合 | 按下 $SB_2$ 不放 | 220V | 220V | 220V | 0 | $SB_2$ 动合触点接触不良 |
| | | 220V | 220V | 0 | 0 | $SB_1$ 动断触点接触不良 |
| | | 220V | 0 | 0 | 0 | FR 触点接触不良 |

（2）分段测量法。电压的分段测量法如图 1-27 所示。

电压的分段测试法是将红、黑两根表棒逐段测量相邻两标号点 1-2、2-3、3-4、4-5 间的电压。

检查时先用万用表测试 1-5 两点间的电压，若为 220 V，则说明电源电压正常。

如电路正常，按 $SB_2$ 后，除 4-5 两点间的电压为 220 V 外，其他任何相邻两点间的电压值均为零。

如按下启动按钮 $SB_2$，接触器 $KM_1$ 不吸合，则说明发生断路故障，此时可用电压表逐段测试各相邻两点间的电压。如测量到某相邻两点间的电压为 220 V，则说明这两点间有断路故障。根据各段电压值来检查故障的方法见表 1-9。

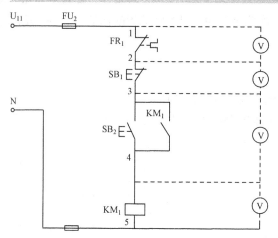

图 1-27　电压的分段测量法示意图

表 1-9　分段测量法判别故障原因

| 故障现象 | 测试状态 | 1-2 | 2-3 | 3-4 | 4-5 | 故障原因 |
|---|---|---|---|---|---|---|
| 按下 $SB_2$，$KM_1$ 不吸合 | 按下 $SB_2$ 不放 | 220V | 0 | 0 | 0 | FR 触点接触不良 |
| | | 0 | 220V | 0 | 0 | $SB_1$ 动断触点接触不良 |
| | | 0 | 0 | 220V | 0 | $SB_2$ 动合触点接触不良 |
| | | 0 | 0 | 0 | 220V | $KM_1$ 线圈断路 |

2）电阻测量法

（1）分阶测量法。电阻的分阶测量法如图 1-28 所示。

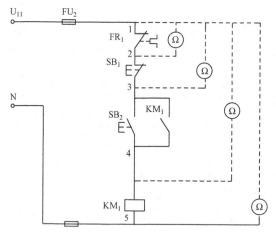

图 1-28　电阻的分阶测量法示意图

按下启动按钮 $SB_2$，若接触器 $KM_1$ 不吸合，则说明该电气回路有断路故障。

用万用表的电阻挡检测前应先断开电源，然后按下 $SB_2$ 不放，先测量 1-5 两点间的电阻，如电阻值为无穷大，则说明 1-5 之间的电路断路。接下来分别测量 1-2、1-3、1-4 各点间电阻值，若电路正常，则该两点间的电阻值为"0"；若测量到某标号间的电阻值为无穷大，则说明表棒刚跨过的触点或连接导线断路。

（2）分段测量法。电阻的分段测量法如图 1-29 所示。

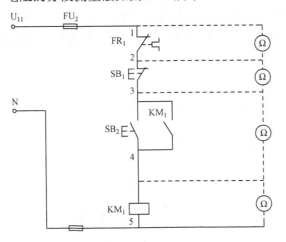

图 1-29 电阻的分段测量法示意图

检查时，先切断电源，按下启动按钮 $SB_2$，然后依次逐段测量相邻两标号点 1-2、2-3、3-4 间的电阻。如测得某两点的电阻为无穷大，则说明这两点间的触点或连接导线断路。例如，当测得 2-3 两点间电阻为无穷大时，说明停止按钮 $SB_1$ 或连接 $SB_1$ 的导线断路。

电阻测量法的优点是安全，缺点是测得的电阻值不准确时容易造成判断错误。为此应注意：用电阻测量法检查故障时一定要断开电源；当被测的电路与其他电路并联时，必须将该电路与其他电路断开，否则，所测得的电阻值是不准确的；测量高电阻值的电气元件时，应把万用表的选择开关旋转至适合的电阻挡。

3. 短接法检修

短接法是用一根绝缘良好的导线，把所怀疑的断路部位短接，如短接后，电路被接通，则说明该处断路。

1）局部短接法

局部短接法检修断路故障如图 1-30 所示。

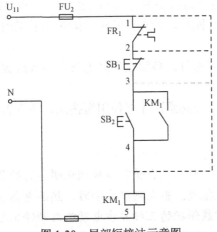

图 1-30 局部短接法示意图

按下启动按钮 $SB_2$ 后，若接触器 $KM_1$ 不吸合，则说明该电路有断路故障。检查时先用万用表电压挡测量 1-5 两点间的电压值，若电压正常，可按下启动按钮 $SB_2$ 不放，然后用一根绝缘良好的导线分别短接 1-2、2-3、3-4。若短接到某两点时，接触器 $KM_1$ 吸合，则说明断路故障就在这两点之间。

2）长短接法

长短接法检修断路故障如图 1-31 所示。

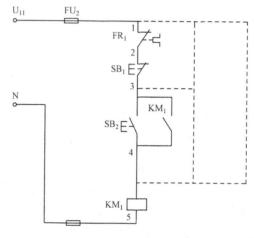

图 1-31　长短接法示意图

长短接法是指一次短接两个或多个触点来检查断路故障的方法。

当 $FR_1$ 的动断触点和 $SB_1$ 的动断触点同时接触不良时，如用上述局部短接法短接 1-2 点，按下启动按钮 $SB_2$，$KM_1$ 仍然不会吸合，故可能会造成判断错误。而采用长短接法将 1-4 短接，如 $KM_1$ 吸合，则说明 1-4 段电路中有断路故障。然后，再短接 1-3 和 3-4，若短接 1-3 时，按下 $SB_2$ 后 $KM_1$ 吸合，则说明故障在 1-3 段范围内，再用局部短接法短接 1-2 和 2-3，很快就能将断路故障排除。

短接法检查断路故障时应注意以下几点。

（1）短接法是用手拿绝缘导线带电操作的，所以，一定要注意安全，避免触电事故发生。

（2）短接法只适用于检查压降极小的导线和触点之间的断路故障。对于压降较大的电器，如电阻、接触器和继电器的线圈等，检查其断路故障时不能采用短接法，否则，会出现短路故障。

（3）对于机床的某些要害部位，必须在保障电气设备或机械部位不会出现事故的情况下才能使用短接法。

（4）操作者必须对电路十分熟悉，才能使用短接法，初学者慎用。

## 问题与思考 1-2

1. 什么是互锁（联锁）？什么是自锁？试举例说明各自的作用。
2. 电动机启动时，电流很大。当电动机启动时，热继电器会不会动作？为什么？
3. 画出带有热继电器过载保护的三相异步电动机启动停止控制线路，包括主电路。
4. 画出两台电动机能同时启动和同时停止，并能分别启动和分别停止的控制电路原理图。

项目1　普通车床电气控制系统的运行与维护

5. 某生产机械要求由 $M_1$、$M_2$ 两台电动机拖动，$M_2$ 能在 $M_1$ 启动一段时间后自行启动，但 $M_2$ 可单独控制启动和停止。

## 任务1-3　电气原理图的识读和电气系统的安装

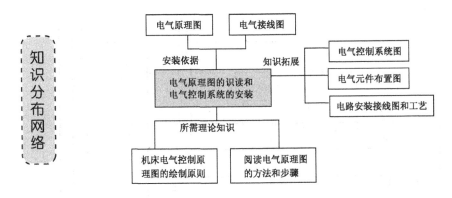

### 任务目标

认识电气元件在原理图中的图形和文字符号，知道电气原理图的组成和布局，能够识读简单的电气线路图，能够读懂典型车床电气原理图，能进行典型车床的控制安装、调试，学会生产组织安排过程。利用学习资源和网络资讯，了解开关和按钮的种类、系列及特点，从性价比角度对器件进行评价。会进行电气控制配线。

### 任务描述

车床故障检修首先要看懂电气原理图，知道车床电气系统的安装和调试过程。本任务以C6140车床为例学习车床电气原理图的读图和电气控制系统的安装。

### 实践操作

结合前面学过的刀架快速移动、冷却泵和主轴控制电路图，查出其主电路、控制电路在图1-32中的位置，并分析电气原理图的结构，特别是布局特点，并思考以下问题。

（1）C6140车床电气原理图最上面一行的文字描述有什么意义？
（2）最下面一行的数字代表什么？
（3）主轴控制电路中 $KM_1$ 线圈下方对应的数字代表什么？
（4）图示"TC"是什么意思？简述其作用和接线方法。

### 相关知识

用图形符号、文字符号、项目代号等表示电路各个电气元件之间的关系和工作原理的图称为电气原理图。电气原理图结构简单，层次分明，适用于研究和分析电路工作原理，并可为寻找故障提供帮助，同时，也是编制电气安装接线图的依据，因此，在设计部门和生产现场得到广泛应用。

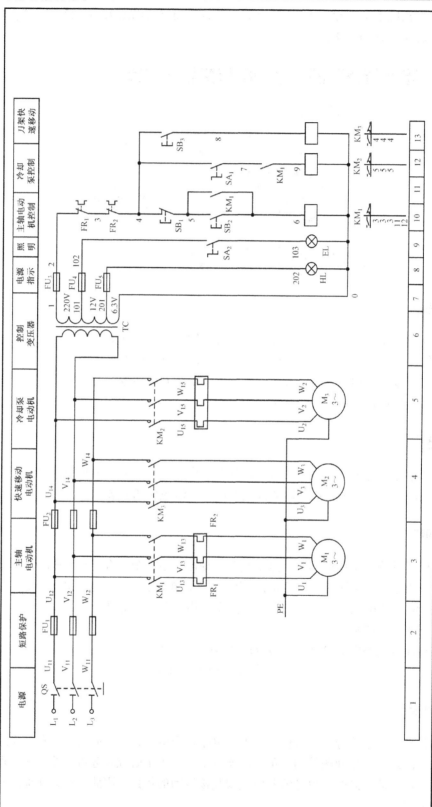

图1-32 C6140型车床电气控制电路图

项目1　普通车床电气控制系统的运行与维护

## 1.3.1　电气原理图的绘制与识读

### 1. 电气原理图的绘制原则

(1) 电气原理图一般分主电路部分和辅助电路部分。主电路是从电源到电动机大电流流过的路径。辅助电路包括控制电路、照明电路、信号电路及保护电路等，由继电器和接触器的线圈、触点，按钮，照明灯，信号灯，控制变压器等电气元件组成。主电路要画在图的左侧并垂直于电源电路，辅助电路要跨接在两根电源线之间，用垂直线绘制在图的右侧，控制电路中的耗能元件画在电路的最下端，而电器的触点要画在耗能元件与上边电源线之间。

(2) 电气原理图中的电气元件是按未通电和没有受外力作用时的状态绘制的。

在不同的工作阶段，各个电器的动作不同，触点时闭时开。而在电气原理图中只能表示出一种情况。因此，规定所有电器的触点均表示在原始情况下的位置，即在没有通电或没有发生机械动作时的位置。对接触器来说，是线圈未通电，触点未动作时的位置；对按钮来说，是手指未按下按钮时触点的位置；对热继电器来说，是常闭触点在未发生过载动作时的位置等。

(3) 触点的绘制位置。使触点动作的外力方向必须是当图形垂直放置时为从左到右，即垂线左侧的触点为常开触点，垂线右侧的触点为常闭触点；当图形水平放置时为从下到上，即水平线下方的触点为常开触点，水平线上方的触点为常闭触点。

(4) 动力电路的电源电路绘成水平线，受电的动力装置（电动机）及其保护电器支路应垂直于电源电路。

(5) 图中自左而右或自上而下表示操作顺序，并尽可能减少线条和避免线条交叉。对于有直接电联系的交叉导线的连接点（即导线交叉处）要用黑圆点表示。无直接电联系的交叉导线，交叉处不能画黑圆点。

(6) 在原理图的上方将图分成若干图区，并标明该区电路的用途与作用；在继电器、接触器线圈下方列有触点表，以说明线圈和触点的从属关系。

接触器各栏表示的含义如下：

| 左栏 | 中栏 | 右栏 |
| --- | --- | --- |
| 主触点所在图区号 | 辅助常开触点所在图区号 | 辅助常闭触点所在图区号 |

继电器各栏表示的含义如下：

| 左栏 | 右栏 |
| --- | --- |
| 常开触点所在图区号 | 常闭触点所在图区号 |

注：有时接触器触点表和继电器一样有两栏，但必须在每栏上方标出常开或常闭触点，如图1-32所示的$KM_1$、$KM_2$、$KM_3$线圈下方的表示方法。

(7) 电气控制原理图采用电路编号法，即对电路中的各个接点用字母或数字编号。编号时应注意以下两点。

一是主电路三相交流电源引入线采用$L_1$、$L_2$、$L_3$标记，中性线采用N标记。在电源开关的出线端按相序依次编号为$U_{11}$、$V_{11}$、$W_{11}$。然后按从上至下，从左至右的顺序，每经过一个电气元件后，编号要递增，如$U_{12}$、$V_{12}$、$W_{12}$、$U_{13}$、$V_{13}$、$W_{13}$、…，单台三相交流电动机（或设备）的三根引出线按相序依次编号为U、V、W。对于多台电动机引出线的编号，

41

为了不致引起混淆,可在字母前用不同的数字加以区别,如 1U、1V、1W,2U、2V、2W、…。

二是辅助电路编号按"等电位"原则从上至下、从左至右的顺序用数字依次编号,每经过一个电气元件后,编号要依次递增。控制电路编号的起始数字必须是 1,其他辅助电路编号的起始数字依次递增 100,如照明电路编号从 101 开始,指示电路编号从 201 开始等。

(8)电路图中技术数据的标注。电路图中一般还要标注以下内容。各个电源电路的电压值、极性或频率及相数;某些元器件的特性,如电阻、电容的数值;不常用的电器操作方法和功能。

电路图中元器件的数据和型号,一般用小号字体标注在电器代号的下面,如图 1-33 所示。

### 2. 阅读电气原理图的方法和步骤

阅读电气原理图的方法和步骤,大致可以归纳为以下几点。

(1)必须熟悉图中各器件的符号和作用。

(2)阅读主电路。应该了解主电路有哪些用电设备(如电动机、电炉等),以及这些设备的用途和工作特点,并根据工艺过程,了解各用电设备之间的相互联系、采用的保护方式等。在完全了解主电路的工作特点后,就可以根据这些特点去阅读控制电路。

(3)阅读控制电路。控制电路由各种电器组成,主要用来控制主电路的工作。在阅读控制电路时,一般先根据主电路接触器主触点的文字符号,到控制电路中去找与之相应的吸引线圈,进一步弄清楚电动机的控制方式。这样可将整个电气原理图划分为若干部分,每一部分控制一台电动机。另外,控制电路一般是依照生产工艺要求,按动作的先后顺序,自上而下、从左到右、并联排列的。因此,读图时也应当自上而下、从左到右,一个环节一个环节地进行分析。

(4)对于机、电、液配合得比较紧密的生产机械,必须进一步了解有关机械传动和液压传动的情况,有时还要借助工作循环图和动作顺序表,配合电器动作来分析电路中的各种联锁关系,以便掌握其全部控制过程。

(5)阅读照明、信号指示、监测、保护等辅助电路环节。

对于比较复杂的控制电路,可按照先简后繁、先易后难的原则,逐步解决。因为,无论怎样复杂的控制线路,都是由许多简单的基本环节组成的。阅读时可将它们分解开来,先逐个分析各个基本环节,再综合起来全面加以解决。

概括地说,阅读的方法可以归纳为从机到电、先"主"后"控"、化整为零、连成系统。

## 1.3.2 车床电气原理图识图分析

(1)C6140 车床电气原理图最上面一行的文字描述的意义。图区横向编号的上方对应文字表明了该区元件或电路的功能,以利于理解全电路的工作原理。

(2)最下面一行的数字的含义。图面下方的图区横向编号是为了便于检索电气线路,方便阅读分析而设置的。

(3)接通 $M_1$ 主电路的交流接触器符号 $KM_1$ 下方的数字"10"的含义。在 C6140 车床电气原理图中,对继电器、接触器触点的文字符号下方要标注其线圈位置的索引。如图 1-32 所示图区 3 中,接触器 $KM_1$ 触点下面的 10 即为最简单的索引代号,它指出接触器 $KM_1$ 的线圈位置在图区 10。

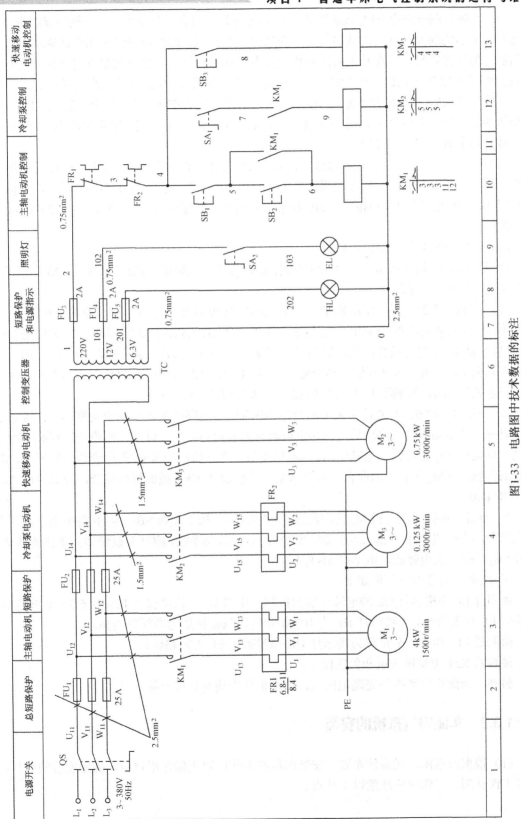

图1-33 电路图中技术数据的标注

（4）主轴控制电路中 $KM_1$ 线圈下方对应的两列数字的含义及作用。在电气原理图中，接触器和继电器的线圈与触点的从属关系，应当用附图表示，即在原理图中相应线圈的下方，给出触点的图形符号，并在其下面注明相应触点的索引代号，未使用的触点用"×"表明或省略。如图 1-32 所示图区 10 中 $KM_1$ 线圈下方的是接触器 $KM_1$ 相应触点的位置索引。

在接触器 $KM_1$ 触点的位置索引中，左栏为常开触点所在的图区号（三个主触点在图区 3，一个辅助常开触点在图区 11，另一个辅助常开触点在图区 12），右栏为辅助常闭触点所在的图区号（两个触点都没有使用）。

（5）图示 TC 的含义、作用和接线。图示为 TC 变压器的图形符号。变压器 TC 提供控制电路、信号指示灯和照明灯所需电源，其中控制电路的电源由控制变压器 TC 的二次侧输出 220V 电压提供，照明灯 EL 和指示灯 HL 的电源分别由控制变压器 TC 二次侧输出 12V 和 6.3V 电压提供。

（6）图示冷却泵控制电路的特点。

图示冷却泵控制电路属于顺序启动方式，$KM_1$ 吸合（主轴电动机启动）后，$KM_2$ 才得电，冷却泵电动机 $M_2$ 才能启动。

（7）控制电路的电源为变压器 TC 次级，输出 220V 电压。电气控制线路的分析如下。

① 主轴电动机的控制采用了具有过载保护全压启动控制的典型环节。按下启动按钮 $SB_2$，接触器 $KM_1$ 得电吸合，其辅助动合触点 $KM_1$（5-6）闭合自锁，$KM_1$ 的主触点闭合，主轴电动机 $M_1$ 启动；同时其辅助动合触点 $KM_1$（7-9）闭合。作为 $KM_2$ 得电的先决条件，按下停止按钮 $SB_1$，接触器 $KM_1$ 失电释放，电动机 $M_1$ 停转。

② 冷却泵电动机 $M_3$ 的控制采用两台电动机 $M_1$、$M_3$ 顺序连锁控制的典型环节，以满足生产要求，使主轴电动机启动后，冷却泵电动机才能启动；当主轴电动机停止运行时，冷却泵电动机也自动停止运行。主轴电动机 $M_1$ 启动后，即在接触器 $KM_1$ 得电吸合的情况下，其辅助动合触点 $KM_1$ 闭合，因此合上开关 $SA_1$，使接触器 $KM_2$ 线圈得电吸合，冷却泵电动机 $M_3$ 才能启动。

③ 刀架快速移动电动机 $M_2$ 的控制采用点动控制。按下按钮 $SB_3$，$KM_3$ 得电吸合，其主触点闭合，对 $M_2$ 电动机实施点动控制。电动机 $M_2$ 经传动系统，驱动溜板带动刀架快速移动。松开 $SB_3$，$KM_3$ 失电释放，电动机 $M_2$ 停转。

④ 照明、信号电路分析如下。

照明灯 EL 和指示灯 HL 的电源分别由控制变压器 TC 二次侧输出 12V 和 6.3V 电压提供。照明灯 EL 开关为 $SA_2$，指示灯 HL 为电源指示灯，只要接通电源灯就会亮。

熔断器 $FU_5$ 和 $FU_4$ 分别作为指示灯 HL 和照明灯 EL 的短路保护。

接触器 $KM_1$ 可实现失压和欠压保护。

另外，为防止电动机外壳漏电伤人，电动机外壳均与地线连接。

### 1.3.3 车床电气系统的安装

（1）根据原理图、元器件布置、安装图纸和工作内容正确选用材料，确定安装的材料，制订工作计划。工作中应注意以下几点。

① 遵守法律、法规和有关规定。
② 爱岗敬业，具有高度的责任心。
③ 严格执行工作程序、工作规范、工艺文件和安全操作规程。
④ 工作认真负责，团结合作。
⑤ 爱护设备及工具、夹具、刀具、量具。
⑥ 着装整洁，符合规定；保持工作环境清洁有序，文明生产。
⑦ 利用质量管理知识，贯彻企业的质量方针，满足岗位的质量要求，明确岗位的质量保证措施与责任。

（2）要注意配线工艺及安装质量监控，重点检查配电柜接线工艺是否符合规范，主要体现在以下几个方面。

① 元器件安装（所有元器件应按制造厂规定的安装条件进行安装）：要充分考虑元器件的适用条件，需要的灭弧距离，拆卸灭弧栅需要的空间等因素。对于手动开关的安装，必须保证开关的电弧对操作者不产生危险。组装前首先看明图纸及技术要求；检查产品型号、元器件型号、规格、数量等与图纸是否相符；检查元器件有无损坏；元器件组装顺序应从板前视，由左至右，由上至下；面板、门板上的元件中心线的高度应符合规定。

② 组装产品应符合以下条件：操作方便；元器件在操作时，不应受到空间的妨碍，不应有触及带电体的可能，维修容易；能够较方便地更换元器件及维修连线；各种电气元件和装置的电气间隙、爬电距离应符合规定；保证主接线与控制的安装距离。

③ 对于螺栓的紧固应选择适当的工具，不得破坏紧固件的防护层，并注意相应的扭矩。主回路上面的元器件变压器需要接地，断路器不需要接地。

④ 所有电气元件及附件，均应固定安装在支架或底板上，不得悬吊在电器及连线上。

⑤ 接线面每个元件的附近有标牌，标注应与图纸相符。除元件本身附有供填写的标志牌外，标志牌不得固定在元件本体上。标号应完整、清晰、牢固。标号粘贴位置应明确、醒目。

⑥ 安装于面板、门板上的元件，其标号应粘贴于面板及门板背面元件下方，如下方无位置时可贴于左方，但粘贴位置尽可能一致。

⑦ 安装因震动易损坏的元件时，应在元件和安装板之间加装橡胶垫减震。

控制线的连接（包括螺栓连接、插接、焊接等）均应牢固可靠，线束应横平竖直，配置坚牢，层次分明，整齐美观。相同元件走线方式应一致。

⑧ 控制接线次截面积要求：单股导线不小于 $1.5mm^2$，多股导线不小于 $1.0mm^2$，弱电回路不小于 $0.5mm^2$，电流回路不小于 $2.5mm^2$，保护接地线不小于 $2.5mm^2$。

⑨ 所有连接导线中间不应有接头。每个端子的接线点一般不宜接两根导线，特殊情况时如果必须接两根导线，则连接必须可靠。

⑩ 电缆与柜体金属有摩擦时，须加橡胶垫圈以保护电缆。电缆连接在面板和门板上时，需要加塑料管和安装线槽。柜体出线部分为防止锋利的边缘割伤绝缘层，必须加塑料护套。

⑪ 门内线槽不能用双面胶粘贴，可以用502，注意别留缝隙。用于外部接线端子的线槽应加大线槽不要与主回路输出端太近。导线中间不要有接头。考虑安装维护的安全。

## 拓展知识

### 1.3.4 电气控制系统图

电气控制系统图包括电气原理图、电器元件布置图、电气安装接线图等。

#### 1. 图幅分区及符号位置索引

绘图时在保证图面布局紧凑、清晰和使用方便的原则下选择图纸幅面尺寸。为了便于确定图上的内容，方便在用图时查找图中各项目的位置，往往需要将图幅分区。图幅分区的方法是：在图的边框处竖边方向用大写拉丁字母，横边方向用阿拉伯数字，编号顺序应从标题栏相对的左上角开始，分格数应是偶数，并按照图的复杂程度选取分区个数，一般分区的长方形的任何边长都不应小于25mm，也不大于75mm，如图1-34所示。

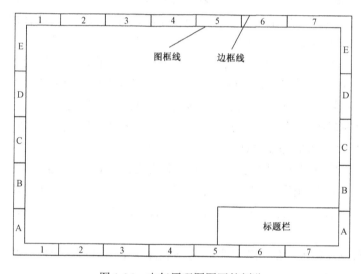

图 1-34 电气原理图图区的划分

图幅分区以后，相当于在图上建立了一个坐标。项目和连接线的位置可用如下方式表示。
（1）用行的代号（拉丁字母）表示。
（2）用列的代号（阿拉伯数字）表示。
（3）用区的代号表示。区的代号为字母和数字的组合，且字母在左、数字在右。

具体使用时，对水平布置的电路，一般只需标明行的标记；对垂直布置的电路，一般需标明列的标记；复杂的电路需标明组合标记。

#### 2. 电器元件布置图

完成电气原理图和电器元件的选择之后，就可以进行电器元件布置图及电气安装接线图的设计。

电器元件布置图中绘出了机械设备上所有电气设备和电器元件的实际位置如图 1-35 所示，如电动机要和被拖动的机械部件画在一起，行程开关应放在要取得信号的地方，操作元件应放在操作的地方，一般情况下电器元件应放在控制柜内。电器元件布置图是为机械电气控制设备制造、安装和维修时必不可少的技术文件。可视电气控制系统复杂程度采取集中绘制或单独绘制。图中各电器代号应与有关电路图和元器件清单上所有元器件代号相同。电器设备、元器件的布置应注意以下几方面。

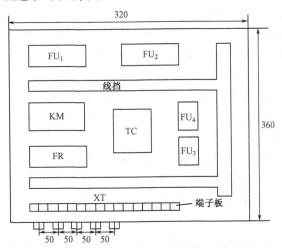

图 1-35　电器元件布置图

（1）体积大和较重的电气设备、元器件应安装在电气安装板的下方，而发热元器件应安装在电气安装板的上面。

（2）强电、弱电应分开，弱电应加屏蔽，以防止外界干扰。

（3）需要经常维护、检修、调整的电器元件安装位置不宜过高或过低。

（4）电器元件的布置应考虑整齐、美观、对称，外形尺寸与结构类似的电器安装在一起，以利安装和配线。

（5）电器元件布置不宜过密，应留有一定间距。如用走线槽，应加大各排电器间距，以利于布线和故障维修。

### 3. 电气安装接线图

电气安装接线图是根据电气原理图及电器元件布置图绘制的，它一方面表示出各电气组件（电器板、电源板、控制面板和机床电器）之间的接线情况，另一方面表示出各电气组件板上电器元件之间的接线情况。因此，它是电气设备安装、进行电器元件配线和检修时查线的依据。

电气安装接线图表示了各电器元件的相对位置和它们之间的电路连接，所以，安装接线图不仅要把同一电器的各个部件画在一起，而且，各个部件位置要尽可能符合这个电器的实际情况，但对比例和尺寸没有严格要求。电气安装接线图不但要画出控制柜内部电器之间的连接，还要画出柜外电器的连接。电气安装接线图中的回路标号是电气设备之间、电器元件之间、导线与导线之间的连接标记，它的文字符号和数字符号应与原理图中的标号一致。

电气安装接线图要遵循以下原则。

（1）各电器元件均按实际安装位置绘出，元件所占图面按实际尺寸以统一比例绘制，尽可能符合电器的实际情况。

（2）一个元件中所有的带电部件均画在一起，并用点画线框起来，即采用集中表示法。

（3）各电器元件的图形符号和文字符号必须与电气原理图一致，并符合国家标准。

（4）各电器元件上凡是需接线的部件端子都应绘出，并予以编号，各接线端子的编号必须与电气原理图上的导线编号相一致。

（5）电气安装接线图一律采用细实线。成束的接线可用一条实线表示。接线很少时，可直接画出电器元件间的接线方式；接线很多时，接线方式用符号标注在电器元件的接线端，表明接线的线号和走向，可以不画出两个元件间的接线。

（6）在接线图中应当标明配线用的电线型号、规格、标称截面及颜色等。规定交流或直流动力电路用黑色线，交流辅助电路为红色，直流辅助电路为蓝色，地线为黄绿双色，与地线连接的电路导线及电路中的中性线用白色线。穿管或成束的接线还应标明穿管的种类、内径、长度及接线根数、接线编号等。

（7）安装底板内外的电器元件之间的连线需要通过接线端子板进行。

（8）注明有关接线安装的技术条件。

（9）走线时，应尽量避免交叉，先将导线校直，走线时应横平竖直，固定牢固，排列整齐，变换走向要垂直。

（10）按电气接线图确定的走线方向进行布线，可先布主回路线，也可先布控制回路线。布线时，严禁损伤线芯和导线绝缘层。

## 工作步骤

（1）C6140车床电气控制电路图的识读（按照示例，完成表1-10）。

表1-10　C6140车床电气控制电路图的识读结果

| 序号 | 识读任务 | 参考图区 | 电路组成 | 元件功能 |
| --- | --- | --- | --- | --- |
| 1 | 识读电源电路 | 1 | QS | 电源开关 |
| 2 | | | | |
| 3 | 识读主电路 | | | |
| 4 | | | | |
| 5 | | | | |
| 6 | | | | |
| 7 | | | | |
| 8 | | | | |
| 9 | 识读控制电路，照明电路 | | | |
| 10 | | | | |
| 11 | | | | |
| 12 | | | | |
| 13 | | | | |
| 14 | | | | |
| 15 | | | | |
| 16 | | | | |
| 17 | | | | |

项目 1　普通车床电气控制系统的运行与维护

续表

| 序号 | 识读任务 | 参考图区 | 电路组成 | 元件功能 |
|---|---|---|---|---|
| 18 | 识读控制电路，照明电路 | | | |
| 19 | | | | |
| 20 | | | | |
| 21 | | | | |

（2）观察车床控制柜，并将所需的元件明细填入表 1-11。

表 1-11　车床元件明细表

| 符号 | 名称 | 型号 | 规格 | 数量 |
|---|---|---|---|---|
| | | | | |
| | | | | |
| | | | | |
| | | | | |
| | | | | |
| | | | | |
| | | | | |

（3）按表 1-11 配齐所用电器元件，并进行质量检验。电器元件应完好无损，各项技术指标符合规定要求，否则应予以更换。

（4）画出车床电器元件布置图。

（5）画出车床电气安装接线图。

（6）根据元件布置图和接线图进行安装布线，要求同任务 1-1。

（7）根据图 1-32 检查布线的正确性，并进行主电路和控制电路的自检。

（8）经检验合格后，通电试车。通电时，必须经指导教师同意，由指导教师接通电源，并在现场进行监护。出现故障后，学生应独立进行检修。

（9）通电试车完毕，停转，切断电源。先拆除三相电源线，再拆除电动机负载线。

### 问题与思考 1-3

1. 电气图中电器元件触点图示状态如何？请举例说明。
2. 电气图中如何进行数字分区？数字分区的作用是什么？
3. 电气原理图中，电器的技术参数应如何标注？
4. 电气原理图常用什么分析方法？简述机床电气原理图的分析步骤。

## 任务 1-4　车床电气控制系统的故障分析与检修

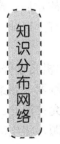
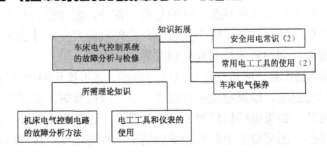

## 任务目标

训练学生对机床电气维修仪器和工具的使用能力，典型车床电气图的识读和故障排查能力，整体控制系统的调试、评价能力，学会确定故障点的常用测量法。

## 任务描述

车床的常见故障有 $KM_1$ 不吸合主轴电动机不能启动，$KM_1$ 吸合主轴电动机不能启动，快速移动电动机不能启动、冷却泵电动机不启动等故障。该工作任务以 C6140 车床为例学习车床的各种故障诊断和维修。

## 实践操作

演示车床主轴正常工作，教师设置故障，主轴电动机不能启动，演示故障维修方法。

## 相关知识

### 1.4.1 机床电气控制电路的故障分析方法与维修步骤

由于各类机床型号不止一种，并且，即使同一种型号，制造商的不同，其控制电路也存在差别。只有通过典型的机床控制电路的学习，进行归纳推敲，才能掌握各类机床的特殊性与普遍性。重点学会阅读、分析机床电气控制电路的原理图；学会常见故障的分析方法及维修技能，关键是能做到举一反三，触类旁通。检修机床电路是一项技能性很强而又细致的工作。当机床在运行时一旦发生故障，检修人员首先要对其进行认真的检查，经过周密的思考，做出正确的判断，找出故障源，然后着手排除故障。

**1. 电气控制电路故障的一般分析方法**

1）修理前的调查研究

（1）问：当机床出现故障后，维修电工到现场后，在检查之前，要向机床操作人员询问情况。向操作者了解故障前的工作情况及故障后的症状，对处理故障具有重要意义。因为，多数操作者熟悉机床的性能，他们对经常发生的故障和处理方法有很多宝贵经验；同时，全面了解故障前后的情况，有利于根据电气设备的工作原理来分析和处理故障，所以，必须重视这项工作。首先要问故障发生时是怎样停机的，是自动停的，还是操作者主动停机？是全部停机还是局部停机？如果是局部，停的是哪一部分，怎样停的？还要问出现故障后，操作者在停机前后都做了什么，动了哪个按钮等？在停机前后发现什么异常情况没有，以前是否发生过类似的故障，别的师傅是怎样处理的等。

（2）摸：问明情况后，应该切断该机床总电源。如果操作的师傅反映是电动机自动停机，要摸一下电动机的温度，如果电动机有温升，下一步检查时，要注意检查主接触器、热继电器、熔断器等元件。如果电动机已烫手，不敢碰了，说明电动机基本已经超过允许温升。除检查上述电器件外，还要检查电动机的绝缘情况。打开电动机接线口，摘去电源，将电动机

出线的连片去掉,用摇表测量电动机的相间绝缘,每相对地绝缘电阻情况。如果电动机没问题,可摸一下电气元件是否有温度变化的情况,各处接线情况,包括接线板处,接线是否牢固可靠等。

> 注意:不论电路通电还是断电,都不能用手直接去触摸金属触点!必须借助仪表来测量。

(3)闻:主要闻一下电动机及有电流通过的各电器件,是否有因为过电流和接触不良等原因而被烧焦,有焦糊气味发生。如发现有焦糊气味,就要查找焦糊发生源在何处,从而发现故障所在。

(4)看:要先看一下热继电器是否动作,再看熔断器是否正常,所有电气元件有无变化现象。进行一般性外观检查,有些故障有明显的外观征兆。如接线端头是否脱落,接线柱接触好不好。线圈是否烧毁,触点有无熔焊,是否氧化、积尘,热继电器是否脱扣,有指示装置的熔断器的熔体是否熔断等,都能明显地表明故障点。要特别注意高电压、大电流的地方,活动机会多的部位,容易受潮的接插件等。

(5)听:如无以上现象发生,必须征求操作者的同意后,在操作者的监督下,方可接通总电源。听一下变压器等有关电器件是否有异常声音发出。如有异常声音,应找到声音发出的位置和原因。

2)通过机床电气原理图进行分析

首先熟悉机床的电气控制电路,结合故障现象,对电路工作原理进行分析,便可以迅速判断出故障发生的可能范围。

3)检查方法

(1)逻辑检查分析法。所谓逻辑检查分析法就是根据机床电气控制线路的工作原理、控制环节的动作程序及它们之间的联系,结合故障现象进行具体分析,迅速缩小检查范围,然后判断故障所在。

对于维修人员来说,迅速排除故障,才不致影响生产。但快的前提是准,只有判断准确,才能排除迅速。逻辑检查分析法就是以准为前提,以快为手段,以排除故障为目的的一种检查方法。

(2)试验法。当判断故障集中在个别控制环节,而外表又找不到故障所在,在考虑到不损伤电气和机械设备,并征得机床操作者同意的前提下,可开动机床试验。开动机床时可先点动试验各控制环节的动作程序,看有关电器是否按规定的顺序动作。若发现某一电器动作不符合要求,即说明故障点在与此电器有关的电路中,于是可在这部分电路中进一步检查,以可发现故障所在。

检查各控制环节动作程序时,尽可能切断主电路,仅在控制电路带电情况下进行试验,试验过程中,不得随意用外力使继电器或接触器动作,以防引起事故。

(3)测量法。测量法是指利用试电笔、万用表、灯泡及其他自制设备,测量线路中电压、电流及元件是否正常,是否有效的检查方法。随着技术的发展,测量手段也不断加强。

(4)经验法。针对故障现象,根据以前处理故障的经验,准确判断故障所在。这些丰富的经验是平时学习、向老师傅请教、实践、总结、积累、勤学苦练得来的。

（5）置换法。置换法是一种比较笨，但又比较实用的方法。发生故障后，不知道故障具体发生在哪里，不妨找到故障的回路，依次更换这条回路上的元件，直到故障排除。这种方法就是置换法。

（6）电阻法。电阻法就是在电路切断电源后用仪表测量两点之间的电阻值，通过对电阻值的对比，进行电路故障检测的一种方法。在继电接触器控制系统中，当电路存在断路故障时，利用电阻法对线路中的断线、触点虚接触、导线虚焊等故障进行检查，可以找到故障点。其优点是安全，缺点是检查故障时必须断开电源，容易产生误判断，快速性和准确性低于电压法。

（7）电压法。采用验电笔的电压法只能做定性检测，不能做定量检测。其缺陷主要在于当回路接有控制和照明变压器时，用验电笔无法判断电源是否缺相，且氖管的起辉发光消耗的功率极低，由于绝缘电阻和分布电容引起的电流也能起辉，容易造成误判断。

使用万用表测量电压，测量范围大，交直流电压均能测量，是使用最多的一种测量方法。检测前应熟悉预计有故障的线路及各点的编号；清楚线路的走向、元件位置；明确线路正常时对应的电压值；将万用表转换开关拨至合适的电压倍率挡，将测量值与正常值比较，进行分析判断。

### 2. 无电气原理图时的故障检查方法

首先，查清不动作的电动机的工作电路。在不通电的情况下，以该电动机的接线盒为起点开始查找，顺着电源线找到相应的控制接触器，然后，以此接触器为核心，一路从主触点开始，查到三相电源，查清主电路；一路从接触器线圈的两个接线端子开始向外延伸，查明经过的电器，弄清控制电路的来龙去脉。必要时，边查找边画出草图。若需拆卸时，要记录拆卸的顺序、电器结构等，再采取措施排除故障。

### 3. 电气控制电路故障的维修步骤

1）熟悉机床电路

在接到机床现场出现故障要求排除的信息到现场后，不要急于动手处理，首先要弄懂说明书、图纸资料、机床电路，根据故障现象分析，先弄清属于主电路的故障还是控制电路的故障，属于电动机的故障还是控制设备的故障。由于大多数故障是有故障现象表现的，所以一般情况下，对照机床配套使用说明书可以列出产生该故障的多种可能的原因。有的故障的排除方法可能简单，有些故障的排除方法则往往比较复杂，一定要先做好排除故障的准备。

2）按电路环节功能缩小故障范围

弄懂使用说明书、图纸资料、机床电路后，认真询问调查故障现象。应要求操作者尽量保持现场故障状态，不做任何处理，这样有利于迅速精确地分析故障原因。同时仔细询问故障指示情况，故障表象及故障产生的背景情况。首先要验证操作前提供的各种情况的准确性、完整性，对多种可能的原因进行排查，从中找出本次故障的真正原因。检查是否存在机械、液压故障。在许多电气设备中，电气元件的动作是由机械或液压来推动的，或与机械有着十分密切的联系，这时可能需要与机械师傅协同工作，共同检查、排除机械故障和进行有关调整工作。根据已知的工作状况，按照故障分类办法分析故障类型，从而确定排除故障的原则。由于大多数故障是有指示的，所以，一般情况下对照机床使说明书，可以列出产生故障的多种可能的原因，按电路环节功能尽量缩小故障范围。

当故障确认以后，应该进一步检查电动机或控制设备。必要时可采用替代法，即用好的电动机或用电设备来替代。属于控制电路的，应该先进行一般的外观检查，检查控制电路的相关电气元件，如接触器、继电器、熔断器等有无硬裂、烧痕、接线脱落、熔体是否熔断等；同时用万用表检查线圈有无断线、烧毁，触点是否熔焊。

外观检查找不到故障时，将电动机从电路中卸下，对控制电路逐步检查，可以进行通电吸合试验，观察机床电气各电气元件是否按要求顺序动作，发现哪部分动作有问题，就在哪部分找故障点，逐步缩小故障范围，直到全部故障排除为止，决不能留下隐患。

#### 4．检修机床电气故障时应注意的问题

（1）检修前应将机床清理干净。

（2）一定要注意人身的安全，除必须带电检查故障外，一定要切断电源，确认无误后方可进行工作。如果必须带电检查故障，一定要确保安全。

（3）电动机不能转动，要从电动机有无通电，控制电动机的接触器是否吸合入手，决不能立即拆修电动机。通电检查时，一定要先排除短路故障，在确认无短路故障后方可通电，否则，会造成更大的事故。

（4）当需要更换熔断器的熔体时，必须选择与原熔体型号相同的熔体，不得随意扩大，以免造成意外的事故或留下更大的后患。因为熔体的熔断，说明电路存在较大的冲击电流，如短路、严重过载、电压波动大等。

（5）热继电器的动作、烧毁，也要求先查明过载原因，不然的话，故障还是会复发。并且修复后一定要按技术要求重新整定保护值，并要进行可靠性试验，以避免发生失控现象。

（6）排除故障所用的仪器仪表、试验工具量程一定要准确，并且要与被测设备相符。如用万用表电阻挡测量触点、导线通断时，量程置于"×1Ω"挡。如果要用摇表检测电路的绝缘电阻，应断开被测支路与其他支路的联系，避免影响测量结果。

（7）在拆卸元件及端子连线时，特别是对不熟悉的机床，一定要仔细观察，理清控制电路，千万不能蛮干。要及时做好记录、标号，避免在安装时发生错误，方便复原。螺钉、垫片等放在盒子里，被拆下的线头要做好绝缘包扎，以免造成人为的事故。

（8）注意设备安全，检查故障时尽量切断主回路，以防在故障未排除的情况下启动设备，造成不必要的设备损坏。

（9）故障排除后，试车前先检测电路是否存在短路现象。在正常的情况下进行试车，应当注意人身及设备安全，试车时出现意外现象，一定要立即切断电源，以防事故扩大。

（10）机床故障排除后，一切要恢复到原状。

### 1.4.2 车床故障分析与排除方法

车床的常见故障很多，现仅以 C6140 车床为例选择部分故障现象进行说明，C6140 车床故障原理图如图 1-36 所示。

（1）【故障现象】主轴、冷却泵和快速启动电动机都不能启动，信号灯和照明灯不亮。

【故障原因】$FU_1$、$FU_2$ 熔断；变压器 TC 前有断路等。

【排除方法】按惯例先查 $FU_1$ 和 $FU_2$，就会发现熔断器故障。如果熔断器完好，用电

笔检查 TC 一次侧有无电压，如果无电压，说明 $FU_2$ 线与 TC 间断路。用万用表检查断点，并接好断路部分，故障排除。

【模拟故障】$K_1$：合上 QS，查 $FU_1$、$FU_2$ 两端电压正常，变压器一次侧无电压。断开 QS 后，用万用表电阻挡测量 $FU_2$ 线与 TC 线（801 线）间电阻无穷大已断开，恢复模拟故障点开关，故障排除。

（2）【故障现象】主轴、冷却泵和快速启动电动机都不能启动。

【故障原因】$FU_3$ 熔断，热继电器 $FR_1$ 或 $FR_2$ 动作后没有复位。

【排除方法】用试电笔分别检查 $FU_3$、$FR_1$、$FR_2$ 两端有无电压，如果无电压说明他们之间某处有断路。用万用表检查断点，并接好断路部分，故障排除。

【模拟故障】$K_2$、$K_3$、$K_5$、$K_6$：合上 QS，查 $FU_3$、$FR_1$、$FR_2$ 两端电压正常，断开 QS 后，当用电阻挡测量 1-4 间电阻无穷大已断开，然后分别查 802、803、805、806 线电阻，恢复模拟故障点开关，故障排除。

（3）【故障现象】主轴电动机、冷却泵不能工作，快速启动电动机能启动。

【故障原因】主轴电动机控制电路回路有故障，启动或停止按钮接触不良，接触器 $KM_1$ 线圈烧毁或主触点不能闭合。

【排除方法】按下启动按钮 $SB_2$，接触器不能吸合，说明故障在控制回路，用电笔分别检查 $SB_1$、$SB_2$ 两端有无电压，如果无电压，说明二者之间某处有断路。用万用表检查断点，并接好断路部分，故障排除。

【模拟故障】$K_7$：合上 QS，查 $SB_1$、$SB_2$ 两端电压正常，断开 QS 后，当用电阻挡测量 807 线电阻无穷大已断开，恢复模拟故障点开关，故障排除。

（4）【故障现象】照明灯不亮，其他均正常。

【故障原因】照明控制电路间有断路。

【排除方法】先查 $FU_4$ 看熔断器是否正常，用电笔分别检查 $SA_1$、EL 两端有无电压，如果无电压，说明二者之间某处有断路。用万用表检查断点，并接好断路部分，故障排除。

【模拟故障】$K_4$：合上 QS，查 $SA_1$、EL 两端电压正常，断开 QS 后，当用电阻挡测量 804 线电阻无穷大已断开，恢复模拟故障点开关，故障排除。

（5）【故障现象】按下 $SB_2$，主轴只能点动。

【故障原因】$KM_1$ 自锁电路故障。

【排除方法】用电笔分别检查 $KM_1$ 两端有无电压，如果无电压，说明自锁电路有断路。用万用表检查断点，并接好断路部分，故障排除。

【模拟故障】$K_8$、$K_9$：合上 QS，查 KM 两端电压正常，断开 QS 后，当用电阻挡测量 808、809 线电阻无穷大已断开，恢复模拟故障点开关，故障排除。

（6）【故障现象】按下 $SB_2$，主轴电动机无任何反应。

【故障原因】$KM_1$ 线圈没有电。

【排除方法】用电笔检查 $KM_1$ 线圈两端有无电压，如果无电压，说明 $KM_1$ 之前电路有断路。用万用表检查断点，并接好断路部分，故障排除。

【模拟故障】$K_{10}$：合上 QS，查 $KM_1$ 线圈两端电压是否正常，断开 QS 后，当用电阻挡测量 810 线电阻无穷大已断开，恢复模拟故障点开关，故障排除。

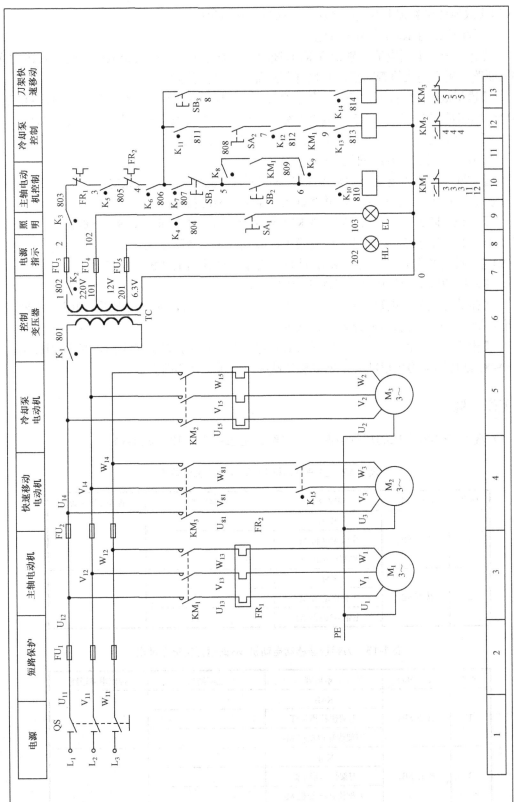

图1-36 C6140车床故障原理图

(7)【故障现象】按下 $SA_2$,冷却泵电动机无任何反应。

【故障原因】$KM_2$ 线圈没有电。

【排除方法】用电笔分别检查 $KM_2$ 线圈两端有无电压,如果无电压,说明 $KM_2$ 之前电路有断路。用万用表检查断点,并接好断路部分,故障排除。

【模拟故障】$K_{11}$、$K_{12}$、$K_{13}$:合上 QS,查 $KM_2$ 线圈两端电压是否正常,断开 QS 后,当用电阻挡测量 811、813、812 线电阻无穷大已断开,恢复模拟故障点开关,故障排除。

(8)【故障现象】按下 $SB_3$,快速电动机启动无任何反应。

【故障原因】$KM_3$ 线圈没有电。

【排除方法】用电笔分别检查 $KM_3$ 线圈两端有无电压,如果无电压,说明 $KM_3$ 之前电路有断路。用万用表检查断点,并接好断路部分,故障排除。

【模拟故障】$K_{14}$:合上 QS,查 $KM_3$ 线圈两端电压是否正常,断开 QS 后,当用电阻挡测量 814 线电阻无穷大已断开,恢复模拟故障点开关,故障排除。

(9)【故障现象】按下 $SB_3$, $KM_3$ 动作,刀架快速移动电动机不能启动。

【故障原因】刀架快移电动机主电路故障。

【排除方法】用电笔分别检查刀架快移电动机三相线,如三相电压缺相说明有断线。用万用表检查断点,并接好断路部分,故障排除。

【模拟故障】$K_{15}$:合上 QS,查 $M_3$ 相电压是否正常,断开 QS 后,当用电阻挡测量 V81,W81 线电阻无穷大已断开,恢复模拟故障点开关,故障排除。

## 工作步骤

(1)观察 C6140 车床的运行情况,并将结果记录在表 1-12~表 1-14。

表 1-12 主轴电动机 $M_1$ 的运行情况记录表

| 序号 | 操作内容 | 观察内容 | 观察结果 | 控制电路通路 |
|---|---|---|---|---|
| 1 | 按下 $SB_2$ | $KM_1$ | | |
| | | 主轴电动机 $M_1$ | | |
| | | 主轴运转指示灯 | | |
| 2 | 按下 $SB_1$ | $KM_1$ | | |
| | | 主轴电动机 $M_1$ | | |
| | | 主轴运转指示灯 | | |

表 1-13 刀架快速移动电动机 $M_2$ 的运行情况记录表

| 序号 | 操作内容 | 观察内容 | 观察结果 | 控制电路通路 |
|---|---|---|---|---|
| 1 | 按下 $SB_3$ | $KM_3$ | | |
| | | 刀架快移指示灯 | | |
| | | 刀架快移电动机 $M_2$ | | |
| 2 | 松开 $SB_3$ | $KM_3$ | | |
| | | 刀架快移指示灯 | | |
| | | 刀架快移电动机 $M_2$ | | |

项目1 普通车床电气控制系统的运行与维护

表1-14 冷却泵电动机 $M_3$ 的运行情况记录表

| 序号 | 操作内容 | 观察内容 | 观察结果 | 控制电路通路 |
|---|---|---|---|---|
| 1 | 旋转 $SA_1$ 至冷却泵开 | $KM_2$ | | |
| | | 冷却泵指示灯 | | |
| | | 冷却泵电动机 $M_3$ | | |
| 2 | 旋转 $SA_1$ 至冷却泵关 | $KM_2$ | | |
| | | 冷却泵指示灯 | | |
| | | 冷却泵电动机 $M_3$ | | |

（2）对车床故障现象进行描述，完成表1-15。

表1-15 车床故障记录表

| 序号 | 故障点 | 故障现象 | 可能原因 | 排除方法 |
|---|---|---|---|---|
| 1 | | | | |
| 2 | | | | |
| 3 | | | | |
| 4 | | | | |
| 5 | | | | |
| 6 | | | | |
| 7 | | | | |
| 8 | | | | |
| 9 | | | | |
| 10 | | | | |

## 知识拓展

### 1.4.3 安全用电知识

**1. 工人人身安全知识**

（1）安装、维修时，严格遵守安全操作规程和规定，不得玩忽职守。

（2）严格停电操作规定。

（3）临近带电部分操作，留有安全距离。

（4）操作前检查工具绝缘手柄，并定期检查。

（5）登高工具安全可靠，未经训练不准作业。

（6）发现触电，立即采取抢救措施。

**2. 安全用电注意事项**

（1）严禁用一线（相线）一地（指大地）安装用电器具。

（2）一个插座不可安装过多或功率过大的用电器。

（3）不掌握电气知识和技术的人员，不可安装和拆卸电气设备及线路。

(4)不可用金属线绑扎电源线。

(5)不可用湿手接触带电的电器。

(6)电动机和电气设备上不可放置衣物,不可在电动机上坐立,雨具不可挂在电动机开关等电器的上方。

(7)放和搬运各种物质,安装其他设备,要与带电设备和电源线相距一定的安全距离。

(8)移动电器的搬运,要先切断电源。

(9)环境使用移动电器,采用额定电压36V的低电压电器,如用220V的用电器时需要隔离变压器。金属容器、管道使用移动电器额定电压为12V,并加接临时开关及专人监护。

(10)雷雨时,不要走进高压电杆、铁塔和避雷针的接地导线的周围,防雷电跨步电压触电(防高压产生的跨步电压时,应单脚或双脚并拢迅速跳到20米以外的地区)。

### 1.4.4 电流表与电压表的使用

#### 1. 电流表

用来测量电路中电流大小的仪表叫电流表。电流表分为直流电流表和交流电流表。使用时电流表串联在电路中。

常用直流电流表用磁电系仪表,规格型号:1C2—A。常用交流电流表用电磁系仪表,规格型号:1T1—A。读数时处满刻度的2/3~3/4处时最精确。

#### 2. 电压表

用来测量电路中电压大小的仪表叫电压表。使用时电压表并联在电路中。常用直流电压表是磁电系仪表,规格型号1C2—V。常用交流电流表用电磁系仪表,规格型号:1T1—V。读数时处满刻度的2/3~3/4处时最精确。

### 1.4.5 摇表(兆欧表)的使用

摇表又叫兆欧表,是一种专门用来测量电气设备绝缘电阻的便携式仪表,如图1-37所示。

图1-37 摇表

#### 1. 摇表的选用

测量额定电压在500V以下的设备或线路的绝缘电阻时,可选500V或1000V摇表。

测量额定电压在500V以上的设备或线路的绝缘电阻时,应选1000~2500V摇表。

量程的选用:一般测量低压电气设备绝缘电阻时可选用0~200量程摇表,一般测量高压电器设备或电缆绝缘电阻时可选用0~2000量程摇表。

### 2. 摇表使用前的准备工作

（1）对摇表进行检查：将摇表水平放置，将 L 和 E 连接线柱输出线短接，再慢慢转动手柄，指针应迅速指向零位，停止摇动手柄，断开 L 和 E 输出线，空摇摇表手柄，指针应慢慢指向∞处。

（2）对被测电气设备、电路、电缆进行检查，看电源是否全部切断，绝对不允许设备和电路带电时用摇表去测量。

测量前应对电容设备、电缆进行放电，以免设备内的电容放电危及人身安全和损坏摇表，这样还可以减少测量误差，同时注意被测试点擦拭干净。

### 3. 正确使用摇表

（1）摇表必须水平放置，工作台面平稳牢固，以免摇动时因抖动和倾斜产生测量误差。

（2）接线必须正确无误，摇表有三个接线桩"E"（接地）、"L"（电路）和 G（保护环或叫屏蔽端子）。保护环的作用是消除"L"与"E"接线桩间的表面漏电和被测绝缘物表面漏电的影响。

在测量电气设备（如三相电动机相间）绝缘电阻时，将"L"和"E"分别接两绕组的接线端。

当测量电气设备对地绝缘电阻时，"L"接绕组接线柱，"E"接外壳。当测量电缆的绝缘电阻时，为消除因表面漏电产生的误差，"L"接线芯，"E"接外壳接地层，"G"接线芯和外壳之间的绝缘层。

（3）摇动手柄的转速要均匀，一般规定为 120r/min，慢了电压不够，太快离合器要分离，不能使之超过 120r/min。测量时要摇动一分钟，待指针稳定下来再读数。

如测量物是电容器要摇动时间长一点，让电容器先充满电，指针稳定后再读数，测完后停止摇动，再拆去接线，对电容设备进行放电。若测量中发现指针指零，应立即停止摇动手柄。

（4）测量完毕，应对设备充分放电，否则容易引起触电事故。

（5）禁止在雷电时或附近有高压导体的设备上测量绝缘电阻。只有在设备不带电又不可能受其他电源感应而带电的情况下才可测量。

（6）摇表未停止转动之前，切勿用手去触及设备的测量部分或摇表接线桩。拆线时也不可直接去触及引线的裸露部分。

（7）摇表应定期校验，检查其误差系数。

### 4. 测量各种绝缘电阻

（1）测量照明或电力线路对地的绝缘电阻时，将摇表的接线柱（E）可靠接地，（L）接到被测线路上，线路接好后可顺时针摇动摇表的发电机摇把，转速由慢到快，一般约一分钟后发电机稳定时，表针也稳定下来，这时表针指示的数值就是所测得的绝缘电阻值。

（2）测量电动机的绝缘电阻时，将摇表的接线柱（E）接机壳，（L）接到电动机绕组上，按上面步骤测量出绝缘电阻。

（3）测量电缆的绝缘电阻。测量电缆的导电线芯与电缆外壳的绝缘电阻时，除将被测两端分别接（E）和（L）两接线柱外，还需将（G）接线柱接到电缆壳芯之间的绝缘层上。

**5．使用摇表的注意事项**

（1）测量设备的绝缘电阻时，必须先切断设备的电源。对含有较大电容的设备，如电容、变压器、电动机及电缆线路，必须先进行放电。

（2）测量前应对摇表做必要的检查，即开路、短路试验。

（3）摇表的引线应用多股软线，但不能用双绞线。

（4）测量前，被测线路和设备必须断开电源，并进行放电。测量完毕对有大电容的设备也要进行放电。

（5）被测物表面应擦试干净，不得有污物（如油漆等），以免造成测量数据不准确。

### 1.4.6 钳形电流表的使用

钳形电流表是一种可不断开电路测量电流的仪表，是根据电流互感器的原理制成的，如图1-38所示。

图1-38　钳形电流表

使用时，将量程开关转到合适的位置，用食指勾紧铁芯开关，打开铁芯，将被测导线引入到铁芯中央，然后松开铁芯开关，铁芯就自动闭合，被测导线的电流就在铁芯中产生交变磁力线，表上就感应出电流，可直接读数。

使用钳形电流表注意事项如下。

（1）测量前，应检查电流表指针是否指向机械零位。如果不是，应用小螺丝刀进行机械调零。

（2）测量前，还应检查钳口的开合情况。钳口可动部分开合自如，两边钳口结合面接触紧密，接合面干净，如钳口上有污物和锈蚀，应擦洗干净，否则，测量的电流值会小于实际值。

（3）测量时，量程选择旋钮应置于适当位置。为了减少测量误差，最好使指针超过中间位置。如事先不知道被测电路电流的大小，可先将拨盘开关置于最大电流挡，然后再根据指针偏转情况将拨盘开关调整到合适位置。注意拨到拨盘开关时应把导线从钳口中取出。

（4）当被测电路电流太小，为提高测量精确度，可将被测导线在钳口部分的铁芯柱上绕几圈后进行测量，将所测量数值除以穿入钳口内导线缠绕根数即得实测电流值。例如，缠绕在铁芯内侧上的线圈有4根，指针指示2A，实际电流是2A÷4=0.5A。

（5）测量应使被测导线垂直置于钳口内中心位置以减少测量误差。

（6）钳形表不用时，应将拨盘开关旋至电流最高挡或电压最高挡，以免下次使用时不慎损坏仪表。

（7）有些钳形电流表为了在电气设备上测量方便，还附有交流电压测量和简单的电阻测量，测量的方法和万用表中的交流电压和电阻测量相同。

（8）数字式钳形电流表的测量方法和指针式钳形电流表的测量方法大致相同，只是数字式钳形电流表不需要机械调零，表内增加一个叠层电池，在长期不使用时务必把电池取出，以免电池漏液腐蚀内部电路。

### 1.4.7 车床的电气保养

在企业生产中，车床能否达到加工精度高、产品质量稳定、提高生产效率的目标，这不仅取决于机床本身的精度和性能，很大程度上也与操作者在生产中能否正确地对车床进行维护保养和使用密切相关。只有坚持做好对车床的日常维护保养工作，才可以延长元器件的使用寿命，延长机械部件的磨损周期，防止意外恶性事故的发生，争取车床长时间稳定工作。车床电气的保养、大修标准见表1-16。

表1-16 车床电气的保养、大修参考标准

| 项目 | 内容 |
| --- | --- |
| 检修周期 | 1. 例保：一星期一次<br>2. 一保：一月一次<br>3. 二保：电动机封闭式三年一次，电动机开启式两年一次<br>4. 大修：与机床大修同时进行 |
| 车床电气设备修理例保 | 1. 检查电气设备各部分是否运行正常<br>2. 检查电气设备有没有不安全的因素，如开关箱内及电动机是否有水或油污进入<br>3. 检查导线及管线有无破裂现象<br>4. 检查导线及控制变压器、电阻等有无过热现象<br>5. 向操作工了解设备运行情况 |
| 车床线路的一保 | 1. 检查线路有无过热现象，电线的绝缘是否有老化现象及机械损伤；蛇皮管是否脱落或损伤，并修复<br>2. 检查电线紧固情况，拧紧触点连接处，要求接触良好<br>3. 必要时更换个别损伤的电气元件和线路（线段）<br>4. 对电气箱等进行吹灰清扫工作 |
| 车床其他电器的一保 | 1. 检查电源线工作状况，并清扫灰尘和油污，要求动作灵敏可靠<br>2. 检查控制变压器和补偿磁放大器等线圈是否过热<br>3. 检查信号过流装置是否完好，要求熔断器、过流保护符合要求<br>4. 检查铜鼻子是否有过热和熔化现象<br>5. 必要时更换不能用的电气部件<br>6. 检查接地线接触是否良好<br>7. 测量线路及各电器的绝缘电阻 |
| 车床开关箱的一保 | 1. 检查配电箱的外壳及其密封性是否完好，是否有油污透入<br>2. 门锁及开关的联锁机构是否能用，并进行修理 |

续表

| 项目 | 内容 |
|---|---|
| 车床电气二保 | 1. 进行一保的全部项目<br>2. 清除和更换损坏的配件，如电线管、金属软管及塑料管等<br>3. 重新整定热保护、过流保护及仪表装置，要求动作灵敏可靠<br>4. 空试线路，要求各开关动作灵敏可靠<br>5. 核对图纸，提出对大修的要求 |
| 车床电气大修内容 | 1. 完成二保一保的全部项目<br>2. 全部拆开配电箱（配电板）重装所有的配线<br>3. 解体旧的各电气开关，清扫各电气元件（包括保险、闸刀、接线端子等）的灰尘和油污，除去锈迹，并进行防腐处理，必要时更新<br>4. 重新排线安装电气，消除缺陷<br>5. 进行试车，要求各联锁装置、信号装置、仪表装置动作灵敏可靠，电动机电器无异常声响和过热现象，三相电流平衡<br>6. 油漆开关箱和其他附件<br>7. 核对图纸，要求图纸编号符合要求 |
| 车床电气完好标准 | 1. 各电器开关线路清洁整齐并有编号，无损伤，接触点接触良好<br>2. 电气开关箱门密封性能良好<br>3. 电气线路及电动机绝缘电阻符合要求<br>4. 具有电子及晶闸管线路的信号电压波形及参数应符合要求<br>5. 热保护、过流保护、熔断器、信号装置符合要求<br>6. 各电气设备动作齐全灵敏可靠，电动机、电器无异常声响，各部温升正常，三相电流平衡<br>7. 具有直流电动机的设备调整范围满足要求，碳刷火花正常<br>8. 零部件齐全符合要求<br>9. 图纸资料齐全 |

## 问题与思考 1-4

1. 按下按钮主轴不能启动的故障排除。

2. 机床照明灯不亮如何处理？

3. 如何使用万用表排除故障？

4. 电压法进行故障排除应注意的事项。

5. 电动机因过载后而自动停车后，操作者立即按启动按钮，但电动机不能启动，试分析可能的原因。

6. 简述排除 C6140 车床快速刀架不能移动故障的步骤。

## 知识梳理与总结

（1）本项目的主要工作任务是 C6140 车床电气控制线路的安装和故障检修等内容。围绕主要任务又介绍了用到的低压器件的使用和选择，车床电动机点动、连续运行和顺序启动的基本控制环节，车床电路图的识读和绘制等内容。

项目1　普通车床电气控制系统的运行与维护

（2）电气控制系统图主要有电气原理图、电器元件布置图和电气安装接线图。通过车床电气控制线路安装的训练，能进行电气原理图的绘制，同时在绘制电路图时，必须严格按照国家标准规定使用各种符号、单位、名词术语和绘制原则。

（3）常见的机床故障检修方法在故障检修时要灵活熟练应用，应达到快速排除故障而不增加新的故障。

（4）在故障检修时应能灵活使用电工仪器仪表。

# 项目 2 摇臂钻床电气控制系统的运行与维护

**教学导航**

| 教 | 知识重点 | 1. 限位开关的选择使用 |
| | | 2. 摇臂钻床电动机控制线路的安装与调试 |
| | | 3. 摇臂钻床电气原理图的识读 |
| | | 4. 摇臂钻床电气控制系统故障的诊断与维修 |
| | 知识难点 | 摇臂钻床电气控制系统故障的诊断与维修 |
| | 推荐教学方法 | 六步教学法，案例教学法，头脑风暴法 |
| | 推荐教学场所 | 教、学、做一体化实训室 |
| | 建议学时 | 理论教学 6 学时，"教学做"一体化教学 2 天 |
| 学 | 推荐学习方法 | 小组讨论法，角色扮演法 |
| | 必须掌握的技能 | 1. 能正确安装钻床电气控制线路 |
| | | 2. 能正确使用电工工具和仪表 |
| | | 3. 会检修钻床常见故障 |
| | 必须掌握的理论知识 | 1. 低压电器的选择使用 |
| | | 2. 机床电气原理图的识读方法 |
| | | 3. 常见故障的检修方法 |

项目2 摇臂钻床电气控制系统的运行与维护

## 任务 2-1 钻床摇臂的运动控制线路的安装与调试

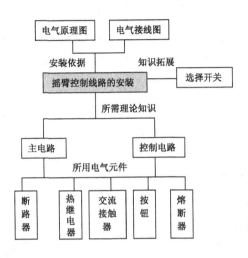

### 任务目标

训练学生三相异步电动机正反转运行控制线路的设计、绘制、安装、调试与故障排查能力,整体控制系统的调试、评价能力。

### 任务描述

在摇臂钻床加工过程中要求摇臂不断升降,而摇臂升降时要松开夹紧装置,升降到指定位置时夹紧装置必须将摇臂夹紧,这就要求电动机能正反转,其控制方法是任意对调两根电源相线,以改变三相电源的相序,从而改变电动机的旋转方向,能实现这种控制的线路就是三相异步电动机正反转运行控制线路,该工作任务是完成三相异步电动机的正反转运行控制线路的设计、安装、调试与故障排除。

### 实践操作

能实现电动机正反转的电气原理图如图 2-1 所示,按图所示电路连接线路,通电演示电动机正反转运动过程。按下启动按钮 $SB_2$,电动机正转,按下 $SB_1$,电动机停止,再按下 $SB_3$,电动机反转。

### 相关知识

钻床是一种用途广泛的孔加工机床。主要用于钻削精度要求不太高的孔,另外还可用来扩孔、铰孔、镗孔,以及刮平面、攻螺纹等。

钻床的结构类型很多,有立式钻床、卧式钻床、深孔钻床及多轴钻床等。摇臂钻床是一种立式钻床,它适用于单件或批量生产中带有多孔的大型零件的孔加工。下面以 Z3040B 摇臂钻床为例进行分析。

Z3040B 摇臂钻床的型号含义：

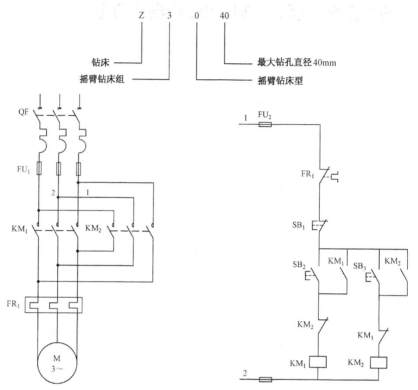

图 2-1 接触器互锁的正反转控制电路

### 2.1.1 摇臂钻床的结构及运动形式

**1. 摇臂钻床的结构**

以 Z3040B 摇臂钻床为例说明其结构，Z3040B 摇臂钻床主要由底座、内立柱、外立柱、摇臂升降丝杠、主轴箱、工作台等组成，如图 2-2 所示。

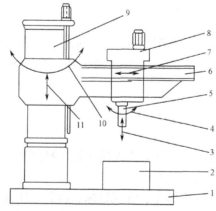

1—底座；2—工作台；3—主轴纵向进给；4—主轴旋转主运动；5—主轴；6—摇臂；
7—主轴箱沿摇臂径向运动；8—主轴箱；9—内外立柱；10—摇臂回转运动；11—摇臂垂直移动

图 2-2 Z3040B 摇臂钻床结构示意图

内立柱固定在底座上,在它外面套着空心的外立柱,外立柱可绕着内立柱回转一周,摇臂一端的套筒部分与外立柱滑动配合,借助于丝杆,摇臂可沿着外立柱上下移动,但两者不能做相对移动,所以摇臂与外立柱一起相对内立柱回转。主轴箱是一个复合的部件,它具有主轴及主轴旋转部件和主轴进给的全部变速和操纵机构。主轴箱可沿着摇臂上的水平导轨做径向移动。当进行加工时,可利用特殊的夹紧机构将外立柱紧固在内立柱上,摇臂紧固在外立柱上,主轴箱紧固在摇臂导轨上,然后进行钻削加工。

### 2. 摇臂钻床的运动形式

主运动是指主轴的旋转。

进给运动是指主轴的轴向进给。

摇臂钻床除主运动与进给运动外,还有外立柱、摇臂和主轴箱的辅助运动,它们都有夹紧装置和固定位置。摇臂的升降及夹紧与放松由一台异步电动机拖动,摇臂的回转和主轴箱的径向移动采用手动,立柱的夹紧与放松由一台电动机拖动一台齿轮泵来供给夹紧装置所用的压力来实现,同时通过电气联锁来实现主轴箱的夹紧与放松。

摇臂钻床的主轴旋转和摇臂升降不允许同时进行,以保证安全生产。

## 2.1.2 三相异步电动机正反转控制线路

将接至电动机的三相电源线中的任意两相对调,就可以实现电动机的反转。

### 1. 接触器互锁的正反转控制电路

接触器互锁的电动机正反转控制电路如图 2-1 所示,其工作原理如下。

合上电源开关 QF。

正转启动:

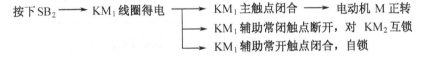

停止:

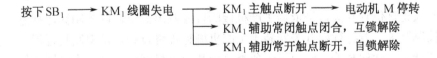

反转启动:

按下 SB₃ ⟶ KM₂ 线圈得电 ⟶ KM₂ 主触点闭合 ⟶ 电动机 M 反转
　　　　　　　　　　　　　　⟶ KM₂ 辅助常闭触点断开,对 KM₁ 互锁
　　　　　　　　　　　　　　⟶ KM₂ 辅助常开触点闭合,自锁

这种利用两个接触器(或继电器)的动断触点互相制约的控制方法叫做互锁(也称联锁),而这两对起互锁作用的触点称为互锁触点。

### 2. 按钮、接触器双重互锁的正反转控制电路

图 2-1 所示的正反转控制电路必须在停止后，才能换向。但在实际机床中正反转是直接换向的，比如，要使电动机改变转向，只要直接按反转按钮就可以了，而不必先按停止按钮。图 2-3 所示的就是按钮、接触器双重互锁的电动机正反转控制电路图。所谓按钮互锁，就是将复合按钮动合触点作为启动按钮，而将其动断触点作为互锁触点串接在另一个接触器线圈支路中。

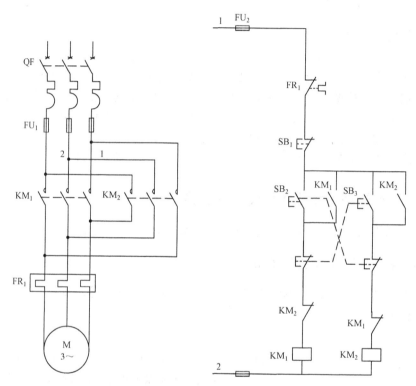

图 2-3　按钮、接触器双重互锁的电动机正反转控制电路

### 2.1.3 行程开关

行程开关也称位置开关，是依据生产机械的行程发出命令，以控制其运行方向或行程长短的信号控制开关。若将行程开关安装于生产机械行程终点处，以限制其行程，则称为限位开关或终端开关。行程开关广泛应用于各类机床和起重机械的控制，将机械部件的运动信号转换为电信号，以实现对生产机械的控制，限制他们的动作或位置，从而保护生产机械。

行程开关的工作原理和按钮相同，区别在于它不是靠手的按压，而是利用生产机械运动部件的挡铁碰压而使触点动作。

行程开关按结构可分为直动式、滚轮式和微动式三种。

直动式行程开关如图 2-4 所示，它的动作原理与按钮相同。它的缺点是触点分合速度取决于运动部件的移动速度，当移动速度低于 0.4m／min 时，触点分断太慢，易受电弧烧损。在这种情况下，应采用有盘形弹簧机构瞬时动作的滚轮式行程开关，如图 2-5 所示。

项目2 摇臂钻床电气控制系统的运行与维护

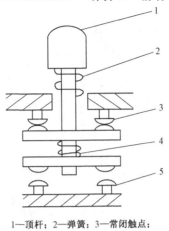

1—顶杆；2—弹簧；3—常闭触点；
4—触点弹簧；5—常开触点

图 2-4 直动式行程开关

滚轮式行程开关的复位方式有自动复位和非自动复位两种。自动复位式是依靠本身的恢复弹簧来复原，而非自动复位式是在 U 形结构的摆杆上装有两个滚轮，当撞块推动其中一个滚轮时，摆杆转过一定的角度使开关动作，撞块离开滚轮后，摆杆并不自动复位，直到撞块在返回行程中再反向推动另一滚轮时，摆杆才回到原始位置，使开关复位。

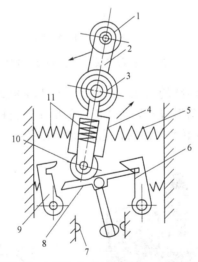

1—滚轮；2—上轮臂；3、5、11—弹簧；4—套架；
6、9—压板；7—触点；8—触点推杆；10—小滑轮

图 2-5 滚轮式行程开关

当生产机械的行程比较小而作用力也很小时，可采用具有瞬时动作和微小行程的微动行程开关，如图 2-6 所示。

目前常用的行程开关有 LX19、LXK3、LX32、LX33、LXW5 等系列，引进产品有 3SE3 等系列。行程开关在选用时，应根据不同的使用场合，满足额定电压、额定电流、复位方式和触点数量等方面的要求。行程开关在电路图中的图形和文字符号表示如图 2-7 所示。

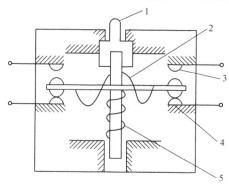

1—推杆；2—弯形片状弹簧；3—常开触点；
4—常闭触点；5—复位弹簧

图 2-6 微动行程开关

使用行程开关时，其安装位置要准确、牢固。若在运动部件上安装，接线应用套管加以保护，要定期检查，防止尘垢造成接触不良或接线松脱而产生误动作。

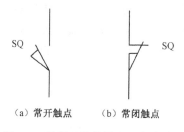

（a）常开触点　　（b）常闭触点

图 2-7 行程开关的图形及文字符号

随着半导体元件及集成电路的出现，产生了一种非接触式的行程开关，称为接近开关，如图 2-8（a）所示，文字和图形符号如图 2-8（b）所示，也称无触点行程开关。当运动部件的金属片接近它到一定距离范围之内时，它就能发出信号，以控制运动部件的位置或进行计数。

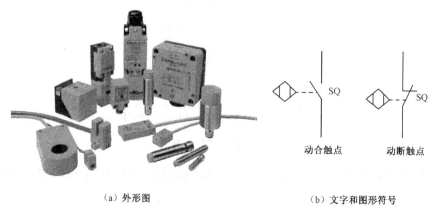

（a）外形图　　　　　　　　　（b）文字和图形符号

图 2-8 接近开关

从原理上看，接近开关有高频振荡型、感应电桥型、霍尔效应型、光电型、永磁及磁敏

## 项目2 摇臂钻床电气控制系统的运行与维护

元件型、电容型和超声波型等多种形式,其中以高频振荡型最为常用,要占全部接近开关产量的80%以上。我国生产的接近开关也是高频振荡型的,它包括感应头、振荡器、开关器、输出器和稳压器等几部分。

当装在生产机械运动部件上的金属检测体(通常为铁磁件)接近感应头时,由于感应作用,使处于高频振荡器线圈磁场中的物体内部产生涡流(及磁滞)损耗,以致振荡回路因电阻增大、损耗增加而使振荡减弱,直至停止振荡。这时,晶体管开关器就导通,并通过输出器(即电磁式继电器)输出信号,从而起到控制作用。

与行程开关比较,接近开关具有定位精度高、操作频率高、寿命长、耐冲击振荡、耐潮湿、能适应恶劣工作环境等优点,因此,在工业生产中逐渐得到推广应用。

### 工作步骤

(1)根据图2-3列出所需的元件明细填入表2-1。

表2-1 电动机正反转元件明细表

| 符号 | 名称 | 型号 | 规格 | 数量 |
|------|------|------|------|------|
|      |      |      |      |      |
|      |      |      |      |      |
|      |      |      |      |      |
|      |      |      |      |      |
|      |      |      |      |      |
|      |      |      |      |      |

(2)按表2-1配齐所用电气元件,并进行质量检验。电气元件应完好无损,各项技术指标符合规定要求,否则应予以更换。

(3)安装布线要求同任务1-1。

(4)根据图2-3检查布线的正确性,并进行主电路和控制电路的自检。

① 主电路检查同任务1-1。

② 控制电路:未按任何按钮时,读数为无穷大。分别按下$SB_2$、$SB_3$,依次测得$KM_1$、$KM_2$线圈电阻值,在按下$SB_2$或$SB_3$的同时,再按下$SB_1$时,万用表应显示电路由通到断,说明启动、停止控制线路正常。分别按下$KM_1$、$KM_2$触点架,应依次测得$KM_1$、$KM_2$线圈电阻值;若不正常,应检查接触器自锁触点端子接线情况。

(5)经检验合格后,通电试车。通电时,必须经指导教师同意,由指导教师接通电源,并在现场进行监护。出现故障后,学生应独立进行检修。

接通三相电源$L_1$、$L_2$、$L_3$,合上电源开关QF,用电笔检查熔断器出线端,氖管亮说明电源接通。按下按钮$SB_2$,电动机M正转,按下$SB_3$电动机M反转,按下$SB_1$电动机M停转,观察电器元件动作是否灵活,有无卡阻及噪声过大现象,观察电动机运行是否正常。若有异常,立即停车检查。

(6)通电试车完毕,停转,切断电源。先拆除三相电源线,再拆除电动机负载线。

## 知识拓展

### 2.1.4 选择开关

选择开关是一种多挡位、多触点、能够控制多回路的控制电器，常用于低压线路操作机构的合闸与分闸控制，各种控制线路的转换和电流表、电压表的换相测量及控制小容量电动机的启动、换向、调速等，因其控制线路多、用途广泛，故常称为万能转换开关。

万能转换开关是由多组相同结构的触点组件叠装而成，它由操作机构、定位装置和触点三部分组成。操作位置有 2~12 个，触点底座有 1~10 层，每层底座均可装三对触点，每层凸轮均可做成不同的形状，当手柄转动到不同位置时，通过凸轮作用可使各对触点按所需规律接通或分断。目前，用得最多的万能转换开关产品有 LW5 和 LW6 两个系列，LW5 系列万能转换开关如图 2-9 所示。

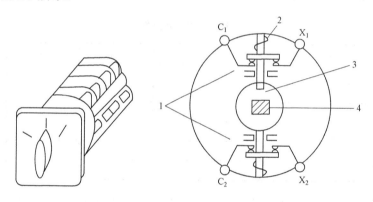

1—触点；2—触点弹簧；3—凸轮；4—转轴

图 2-9 LW5 系列万能转换开关

LW5 系列的触点为双断点桥式结构，动触点设计成自动调整式，以保证通断时的同步性，静触点装在触点座内。每个由胶木压制的触点座内可安装 2~3 对触点，且每组触点上还有隔弧装置。触点的通断由凸轮控制，为了适应不同的需要，手柄还能做成带信号灯的、钥匙型的等多种形式。

LW5 系列万能转换开关按手柄操作方式又分为自复式和定位式两种。所谓自复式是指用手扳动手柄于某一位置后，当手松开后手柄自动返回原位。而定位式是指用手扳动手柄于某一位置后，当手松开后手柄就停留在该位置上。

万能转换开关手柄的操作位置是以角度来表示的，不同型号的万能转换开关，其手柄有不同的操作位置，可从电气设备手册中万能转换开关的"定位特征表"查找到。

万能转换开关的触点在电路图中的图形符号表如图 2-10 所示，但由于其触点的分合状态是与操作手柄的位置有关的，因此，在电路图中除画出触点图形符号之外，还应有操作手柄位置与触点分合状态的表示方法。其表示方法有两种，一种是在电路图中画虚线和画"·"的方法，如图 2-10（a）所示，即用虚线表示操作手柄的位置，用有无"·"表示触点的闭合和打开状态。比如，在触点图形符号下方的虚线位置上面画"·"，则表示当操手柄处于该位置时，该触点是处于闭合状态，若在虚线位置上未画"·"时，则表示该触点是处于打开状态。另一种方法是，在电路中既不画虚线也不画"·"，而是在触点图形符号上标出触点编号，再用接通表示操作手柄不同位置时的触点分合状态，如图2-10（b）所示。在接通表中用有无"×"来表示操作手柄在不同位置时触点的闭合和断开状态。

万能转换开关选用时要按额定电压和工作电流选用合适的系列，根据操作要求选定手柄形式及定位特征；再根据需要确定触点数量和接线图编号，并选择合适的面板形式及标志。

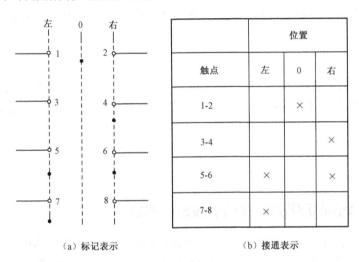

图 2-10 万能转换开关图形符号

### 问题与思考 2-1

1. 说明 Z3040B 各符号和数字的含义。
2. 行程开关与按钮开关的作用有何异同？
3. 选择开关主要用途是什么？

## 任务 2-2 摇臂钻床电气原理图识读和电气控制系统的安装调试

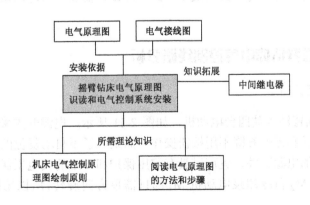

机床电气控制系统维护

## 任务目标

进一步了解电气制图的规则和方法,能够识读较复杂的电气线路图,读懂 Z3040B 摇臂钻床的电气原理图,为以后安装调试做准备。

## 任务描述

钻床故障检修首先要看懂电气原理图,知道钻床电气系统的安装和调试过程,本任务就是以 Z3040B 摇臂钻床为例学习钻床电气原理图的读图和电气控制系统的安装。

## 实践操作

Z3040B 摇臂钻床的整体电气控制原理图与 C6140 相比较,有哪些不同之处?结合摇臂实际控制电路,查出其在整个电气原理图中的位置,分清主电路、控制电路及其他照明、信号电路。

## 相关知识

### 2.2.1 摇臂钻床的电力拖动特点及控制要求

(1)由于摇臂钻床的运动部件较多,为简化传动装置,使用多电动机拖动,主电动机承担主钻削及进给任务,摇臂升降、夹紧放松和冷却泵各用一台电动机拖动。

(2)为了适应多种加工方式的要求,主轴及进给应在较大范围内调速。但这些调速都是机械调速,用手柄操作变速箱调速,对电动机无任何调速要求。从结构上看,主轴变速机构与进给变速机构应该放在一个变速箱内,而且两种运动由一台电动机拖动是合理的。

(3)加工螺纹时要求主轴能正反转。摇臂钻床的正反转一般用机械方法实现,电动机只需单方向旋转。

(4)摇臂升降由单独电动机拖动,要求能实现正反转。

(5)摇臂的夹紧与放松及立柱的夹紧与放松由一台异步电动机配合液压装置来完成,要求这台电动机能正反转。摇臂的回转和主轴箱的径向移动在中小型摇臂钻床上都采用手动。

(6)钻削加工时,为对刀具及工件进行冷却,需要一台冷却泵电动机拖动冷却泵输送冷却液。

### 2.2.2 摇臂钻床电气控制线路分析

1. 主电路分析

Z3040B 摇臂钻床共四台电动机,如图 2-11 所示,电源开关采用接触器 KM。这是由于机床的主轴旋转和摇臂升降不用按钮操作,而采用了不自动复位的开关操作。用按钮和接触器来代替一般的电源开关,就可以具有零压保护和一定的欠电压保护作用。

主电动机 $M_2$ 和冷却泵电动机 $M_1$ 都只需单方向旋转,所以用接触器 $KM_1$ 和 $KM_6$ 分别

# 项目 2 摇臂钻床电气控制系统的运行与维护

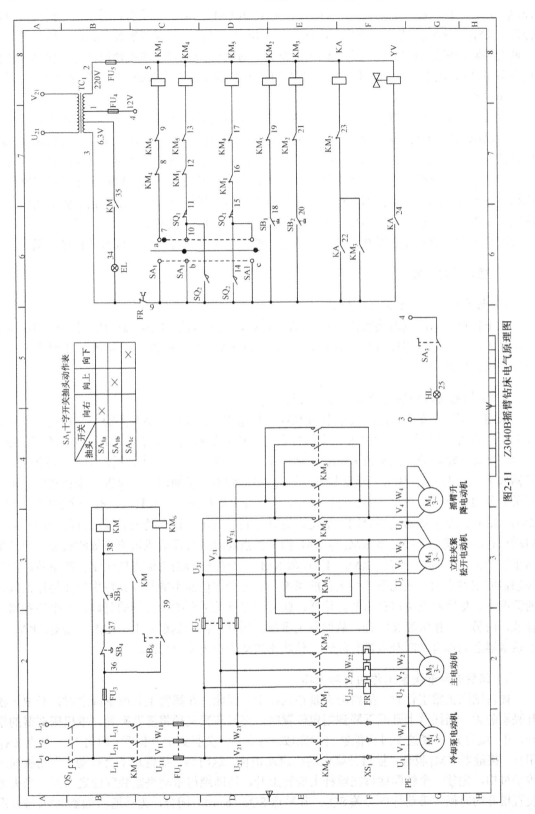

图 2-11 Z3040B 摇臂钻床电气原理图

控制。立柱夹紧和松开电动机 $M_3$ 与摇臂升降电动机 $M_4$ 都需要正反转，所以各用两只接触器控制。$KM_2$ 和 $KM_3$ 控制立柱的夹紧和松开；$KM_4$ 和 $KM_5$ 控制摇臂的升降。四台电动机只用了两套熔断器做短路保护。只有主轴电动机具有过载保护。因立柱夹紧松开电动机 $M_3$ 和摇臂升降电动机 $M_4$ 都是短时工作，故不需要用热继电器来做过载保护。冷却泵电动机 $M_1$ 因容量很小，也没有用保护器件。

在实际安装机床电气设备时，应当注意三相交流电源的相序。如果三相电源的相序接错了，电动机的旋转方向就会与规定的方向不符，在开动机床时容易发生事故。摇臂钻床三相电源的相序可以用立柱的夹紧机构来检查。Z3040B 型摇臂钻床立柱的夹紧和放松动作有指示标牌指示。接通机床电源，使接触器 KM 动作，将电源引入机床。然后按压立柱夹紧或放松按钮 $SB_1$ 和 $SB_2$。如果夹紧和松开动作与标牌的指示相符合，就表示三相电源的相序是正确的。如果夹紧和松开动作与标牌的指示相反，则三相电源的相序一定是接错了。这时就应当关断总电源，把三相电源线中的任意两根电线对调位置接好，就可以保证相序正确。

### 2．控制电路分析

1）电源接触器和冷却泵的控制

按下按钮 $SB_3$，电源接触器 KM 吸合并自锁，把机床的三相电源接通。按下 $SB_4$，KM 断电释放，机床电源即被断开。KM 吸合后，转动 $SA_6$，使其接通，则 $KM_6$ 通电吸合，冷却泵电动机即旋转。

2）主轴电动机和摇臂升降电动机控制

采用十字开关操作，控制线路中的 $SA_{1a}$、$SA_{1b}$ 和 $SA_{1c}$ 是十字开关的三个触点。十字开关的手柄有五个位置。当手柄处在中间位置时，所有的触点都不通，手柄向右，触点 $SA_{1a}$ 闭合，接通主轴电动机接触器 $KM_1$；手柄向上，触点 $SA_{1b}$ 闭合，接通摇臂上升接触器 $KM_4$；手柄向下，触点 $SA_{1c}$ 闭合，接通摇臂下降接触器 $KM_5$。手柄向左的位置，未加利用。十字开关的使用使操作形象化，不容易误操作。十字开关操作时，一次只能占有一个位置，$KM_1$、$KM_4$、$KM_5$ 三个接触器就不会同时通电，这就有利于防止主轴电动机和摇臂升降电动机同时启动运行，也减少了接触器 $KM_4$ 与 $KM_5$ 的主触点同时闭合而造成短路事故的机会。但是单靠十字开关还不能完全防止 $KM_1$、$KM_4$ 和 $KM_5$ 三个接触器的主触点同时闭合的事故。因为接触器的主触点由于通电发热和火花的影响，有时会焊住而不能释放。特别是在运作很频繁的情况下，更容易发生这种事故。这样，就可能在开关手柄改变位置的时候，一个接触器未释放，而另一个接触器又吸合，从而发生事故。所以，在控制线路上，$KM_1$、$KM_4$、$KM_5$ 三个接触器之间都有动断触点进行联锁，使线路的动作更为安全可靠。

3）摇臂升降和夹紧工作的自动循环

摇臂钻床正常工作时，摇臂应夹紧在立柱上。因此，在摇臂上升或下降之时，必须先松开夹紧装置。当摇臂上升或下降到指定位置时，夹紧装置又须将摇臂夹紧。本机床摇臂的松开、升（或降）、夹紧这个过程能够自动完成。将十字开关扳到上升位置（即向上），触点 $SA_{1b}$ 闭合，接触器 $KM_4$ 吸合，摇臂升降电动机启动正转。这时候，摇臂还不会移动，电动机通过传动机构，先使一个辅助螺母在丝杆上旋转上升，辅助螺母带动夹紧装置使之松开。当夹紧装置松开的时候，带动行程开关 $SQ_2$，其触点 $SQ_2$（6-14）闭合，为接通接触器 $KM_5$ 做好准

备。摇臂松开后，辅助螺母继续上升，带动一个主螺母沿着丝杆上升，主螺母则推动摇臂上升。摇臂升到预定高度，将十字开关扳到中间位置，触点 $SA1_b$ 断开，接触器 $KM_4$ 断电释放，电动机停转，摇臂停止上升。由于行程开关 $SQ_2$（6-14）仍旧闭合着，所以，在 $KM_4$ 释放后，接触器 $KM_5$ 即通电吸合，摇臂升降电动机即反转，这时电动机只是通过辅助螺母使夹紧装置将摇臂夹紧。摇臂并不下降。当摇臂完全夹紧时，行程开关 $SQ_2$（6-14）即断开，接触器 $KM_5$ 就断电释放，电动机 $M_4$ 停转。

摇臂下降的过程与上述情况相同。

$SQ_1$ 是组合行程开关，它的两对动断触点分别作为摇臂升降的极限位置控制，起终端保护作用。当摇臂上升或下降到极限位置时，由撞块使 $SQ_1$（10-11）或 $SQ_{4-5}$（14-15）断开，切断接触器 $KM_4$ 和 $KM_5$ 的通路，使电动机停转，从而起到了保护作用。

$SQ_1$ 为自动复位的组合行程开关，$SQ_2$ 为不能自动复位的组合行程开关。

摇臂升降机构除了电气限位保护以外，还有机械极限保护装置，在电气保护装置失灵时，机械极限保护装置可以起保护作用。

4）立柱和主轴箱的夹紧控制

Z3040B 机床的立柱分内外两层，外立柱可以围绕内立柱做 360°的旋转。内外立柱之间有夹紧装置。立柱的夹紧和放松由液压装置进行，电动机拖动一台齿轮泵，电动机正转时，齿轮泵送出压力油使立柱夹紧，电动机反转时，齿轮泵送出压力油使立柱放松。

立柱夹紧电动机用按钮 $SB_1$ 和 $SB_2$ 及接触器 $KM_2$ 和 $KM_3$ 控制，其控制为点动控制。按下按钮 $SB_1$ 或 $SB_2$，$KM_2$ 或 $KM_3$ 就通电吸合，使电动机正转或反转，将立柱夹紧或放松。松开按钮，$KM_2$ 或 $KM_3$ 就断电释放，电动机即停止。

立柱的夹紧松开与主轴箱的夹紧松开有电气上的联锁。立柱松开，主轴箱也松开，立柱夹紧，主轴箱也夹紧，当按 $SB_2$ 接触器 $KM_3$ 吸合，立柱松开，$KM_3$（6-22）闭合，中间继电器 KA 通电吸合并自保。KA 的一个动合触点接通电磁阀 YV，使液压装置将主轴箱松开。在立柱放松的整个时期内，中间继电器 KA 和电磁阀 YV 始终保持工作状态。按下按钮 $SB_1$，接触器 $KM_2$ 通电吸合，立柱被夹紧。$KM_2$ 的动断辅助触点（22-23）断开，KA 断电释放，电磁阀 YV 断电，液压装置将主轴箱夹紧。

在该控制线路里，我们不能用接触器 $KM_2$ 和 $KM_3$ 来直接控制电磁阀 YV。因为电磁阀必须保持通电状态，主轴箱才能松开。一旦 YV 断电，液压装置会立即将主轴箱夹紧。$KM_2$ 和 $KM_3$ 均是点动工作方式，当按下 $SB_2$ 使立柱松开后放开按钮，$KM_3$ 断电释放，立柱不会再夹紧，这样为了使放开 $SB_2$ 后 YV 仍能始终通电，就不能用 $KM_3$ 来直接控制 YV，而必须用一只中间继电器 KA，在 $KM_3$ 断电释放后，KA 仍能保持吸合，使电磁阀 YV 始终通电，从而使主轴箱始终松开。只有当按下 $SB_1$，使 $KM_2$ 吸合，立柱夹紧，KA 才会释放，YV 才断电，主轴箱也才被夹紧。

3. 照明电路和指示电路（请大家自己分析）

### 2.2.3 摇臂钻床电气系统的安装与调试

1. 安装过程

摇臂钻床电气系统的安装过程与安装注意事项同项目1。

### 2. 调试步骤

1）调试前准备

安装完毕，清理现场后，方可进行机床的控制调试。调试前必须弄清钻床电气控制的工作原理，理清调试思路和步骤，做好安全防护措施，特别注意是否需要机电隔离进行调试的问题，防止综合试车时，造成人身和设备的事故发生。

2）调试步骤

（1）检查：接线是否牢固，主轴电动机、冷却电动机、摇臂升降电动机和立柱夹紧放松电动机的绝缘电阻、直流电阻是否合乎要求。控制回路有无短路点。

（2）安全送电：确认既不损坏设备，又不造成人身伤害的情况后，送电调试。

（3）检查电动机正、反转，自锁、互锁功能是否满足设计要求，各设备的保护必须进行整定。

3）调试目标

主轴电动机 $M_2$ 的控制，摇臂升降电动机 $M_4$ 的控制方向正确；主轴箱与立柱的夹紧与放松电动机 $M_3$ 控制正确，限位开关能实现限位保护。

## 工作步骤

（1）分析 Z3040B 钻床的电气原理图，并将识读结果填入表 2-2 中。

表 2-2 Z3040B 钻床的电气原理图识读结果

| 序号 | 识读任务 | 电路组成 | 元件功能 | 备注 |
|---|---|---|---|---|
| 1 | 读电源电路 | $QS_1$ | | |
| 2 | | $FU_1$ | | |
| 3 | | $SB_3$ | | |
| 4 | | $SB_4$ | | |
| 5 | | KM 主触点 | | |
| 6 | 读主电路 | $KM_1$ 主触点 | | |
| 7 | | 电动机 $M_2$ | | |
| 8 | | $KM_2$ 主触点 | | |
| 9 | | $KM_3$ 主触点 | | |
| 10 | | 电动机 $M_3$ | | |
| 11 | | $KM_4$ 主触点 | | |
| 12 | | $KM_5$ 主触点 | | |
| 13 | | 电动机 $M_4$ | | |
| 14 | | $KM_6$ 主触点 | | |
| 15 | | 电动机 $M_1$ | | |
| 16 | | FR | | |
| 17 | 读控制电路 | $TC_1$ | | |
| 18 | | $FU_4$ | | |
| 19 | | $FU_5$ | | |

续表

| 序号 | 识读任务 | 电路组成 | 元件功能 | 备注 |
|---|---|---|---|---|
| 20 | 读控制电路 | $SA_{1a}$ | | |
| 21 | | $SA_{1b}$ | | |
| 22 | | $SA_{1c}$ | | |
| 23 | | $SQ_{1(10-11)}$ | | |
| 24 | | $SQ_{1(14-15)}$ | | |
| 25 | | $SQ_{2(6-10)}$ | | |
| 26 | | $SQ_{2(6-14)}$ | | |
| 27 | | $SB_1$ | | |
| 28 | | $SB_2$ | | |
| 29 | | $SA_3$ | | |
| 30 | | $SA_6$ | | |
| 31 | | KA | | |
| 32 | | YV | | |
| 33 | | EL | | |
| 34 | | HL | | |

（2）观察钻床控制柜并将所需的元件明细填入表 2-3。

表 2-3　钻床元件明细表

| 符号 | 名称 | 型号 | 规格 | 数量 |
|---|---|---|---|---|
| | | | | |
| | | | | |
| | | | | |
| | | | | |
| | | | | |
| | | | | |
| | | | | |

（3）按表 2-3 配齐所用电气元件，并进行质量检验。电器元件应完好无损，各项技术指标符合规定要求，否则应予以更换。

（4）画出钻床电器元件布置图。

（5）画出钻床电气安装接线图。

（6）根据元件布置图和接线图进行安装布线，要求同任务 1-1。

（7）根据图 2-11 检查布线的正确性，并进行主电路和控制电路的自检。

（8）经检验合格后，通电试车。通电时，必须经指导教师同意，由指导教师接通电源，并在现场进行监护。出现故障后，学生应独立进行检修。

（9）通电试车完毕，停转，切断电源。先拆除三相电源线，再拆除电动机负载线。

## 知识拓展

### 2.2.4 中间继电器

中间继电器实质上是一种电压继电器。它的特点是触点数目较多，电流容量可增大，起到中间放大（触点数目和电流容量）的作用，如图 2-12 所示。中间继电器的图形和文字符号如图 2-13 所示。它具有触点多，触点容量大，动作敏捷等特点。由于触点的数量较多，所以用来控制多个元件或回路。

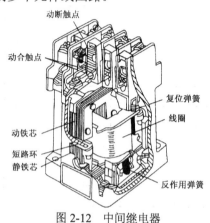

图 2-12　中间继电器　　　　　图 2-13　中间继电器的图形和文字符号

中间继电器的结构及工作原理与接触器基本相同，与接触器的主要区别在于：接触器的主触点可以通过大电流，而中间继电器的触点只能通过小电流。所以，它只能用于控制电路中。但中间继电器的触点对数多，且没有主辅之分，各对触点允许通过的电流大小相同为 5～10A。因此，对于工作电流小于 5A 的电气控制线路，可用中间继电器代替接触器实施控制。

中间继电器的选用主要依据被控制电路的电压等级、所需触点的数量、种类和容量等要求进行。

### 问题与思考 2-2

1. Z3040B 摇臂钻床电路中具有哪些联锁与保护？为什么要有这些联锁与保护？它们是如何实现的？

2. 分析摇臂升降过程。

3. 在立柱放松过程中能否用 $KM_2$ 和 $KM_3$ 直接控制电磁阀，为什么？

## 任务 2-3　摇臂钻床电气控制系统的故障分析与检修

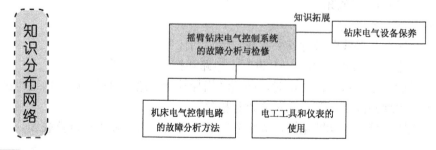

# 项目2 摇臂钻床电气控制系统的运行与维护

## 任务目标

会使用机床电气维修仪器和工具,能调试与维护钻床,会对钻床故障进行诊断和维修,会确定故障点的常用测量法(置换法,校验灯法)。

## 任务描述

钻床的常见故障有摇臂不能上升,但能下降;摇臂既不能上升,也不能下降;摇臂升降后不能夹紧;摇臂升降夹紧过度,立柱与主轴箱不能夹紧与松开。该工作任务以 Z3040B 摇臂钻床为例学习摇臂钻床的各种故障诊断和维修。

## 实践操作

通电演示钻床正常工作情况,设置故障点使钻床摇臂不能升降,讲授排除故障的方法。

## 相关知识

### 2.3.1 摇臂钻床常见故障与检修方法

#### 1. 常见故障

摇臂钻床电气控制的特殊环节是摇臂升降。摇臂钻床的工作过程是由电气与机械、液压系统紧密结合实现的。因此,在维修中不仅要注意电气部分能否正常工作,也要注意它与机械和液压部分的协调关系。下面仅参照图 2-14 分析摇臂钻床的电气故障。

1)摇臂不能升降

由摇臂升降过程可知,升降电动机 $M_4$ 旋转,带动摇臂升降,其前提是摇臂完全松开,活塞杆压行程开关 $SQ_2$。如果 $SQ_2$ 不动作,常见故障是 $SQ_2$ 安装位置移动。这样,摇臂虽已放松,但活塞杆压不上 $SQ_2$,摇臂就不能升降。有时,液压系统发生故障,使摇臂放松不够,也会压不上 $SQ_2$,使摇臂不能移动。由此可见,$SQ_2$ 的位置非常重要,应配合机械、液压调整好后紧固。

电动机 $M_4$ 电源相序接反时,$M_3$ 反转,使摇臂夹紧,$SQ_2$ 应不动作,摇臂也就不能升降。所以,在机床大修或新安装后,要检查电源相序。

2)摇臂不能上升但能下降

摇臂不能上升但能下降,表明摇臂和立柱松开部分电路正常,故障有可能是上升的传动机构有问题,排除机械故障后,可能的故障是十字开关向上的触点有问题。

3)摇臂升降后夹不紧

由摇臂夹紧的动作过程可知,夹紧动作的结束是由行程开关 $SQ_2$ 来完成的,如果 $SQ_2$ 动作过早,将导致 $KM_5$ 尚未充分夹紧就停转。常见的故障原因是 $SQ_2$ 安装位置不合适或固定螺钉松动造成 $SQ_2$ 移位,使 $SQ_2$ 在摇臂夹紧动作未完成时就被压上,切断了 $KM_2$ 回路,使 $M_3$ 停转。

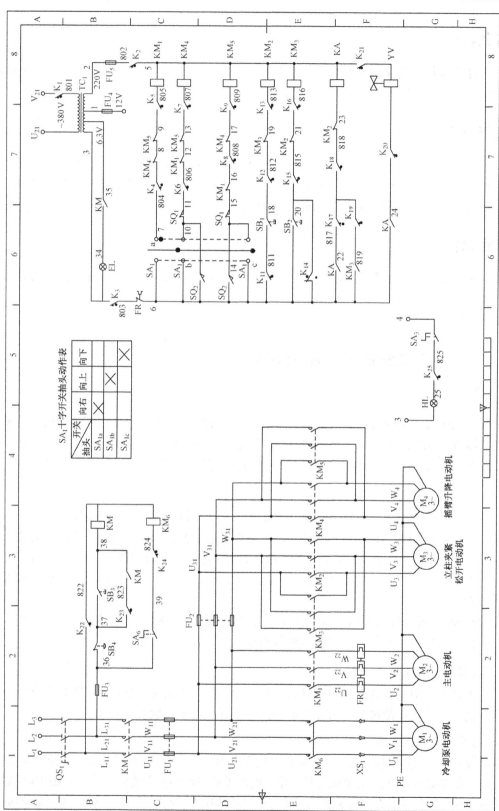

图2-14 Z3040B摇臂钻床故障电气原理图

## 项目2 摇臂钻床电气控制系统的运行与维护

排除故障时,首先判断是液压系统的故障(如活塞杆阀芯卡死或油路堵塞造成的夹紧力不够),还是电气系统的故障。对电气方面的故障,应重新调整 $SQ_2$ 的动作距离,固定好螺钉即可。

4)立柱、主轴箱不能夹紧或松开

立柱、主轴箱不能夹紧或松开的可能原因是油路堵塞、接触器 $KM_2$ 或 $KM_3$ 不能吸合所致。出现故障时,若接触器 $KM_2$ 或 $KM_3$ 能吸合,$M_4$ 能运转,可排除电气方面的故障,则应请液压、机械修理人员检修油路,以确定是否是油路故障。

5)摇臂上升或下降限位保护开关失灵

组合开关 $SQ_1$ 的失灵分两种情况:一是组合开关 $SQ_1$ 损坏,$SQ_1$ 触点不能因开关动作而闭合或接触不良使线路断开,由此使摇臂不能上升或下降;二是组合开关 $SQ_1$ 不能动作,触点熔焊,使线路始终处于接通状态,当摇臂上升或下降到极限位置后,摇臂升降电动机 $M_4$ 发生堵转,这时应立即将十字开关拨到中间位置。根据上述情况进行分析,找出故障原因,更换或修理失灵的组合开关 $SQ_1$ 即可。

6)按下 $SB_1$,立柱、主轴箱能夹紧,但释放后就松开

由于立柱、主轴箱的夹紧和松开机构都采用机械菱形块结构,所以,这种故障多为机械原因造成的。可能是菱形块和承压块的角度方向搞错,或者距离不合适,也可能因夹紧力调得太大或夹紧液压系统压力不够,导致菱形块立不起来,可找机械修理工检修。

7)立柱能放松,但主轴箱不能放松

立柱能放松,但主轴箱不能放松的故障可能是 $KM_3$(6-22)接触不良;KA(6-22)或 KA(6-24)接触不良;$KM_2$(22-23)常闭触点不通;KA 线圈损坏;YV 线圈开路;22、23、24 号线中有脱落或断路。

### 2. 摇臂钻床故障检修

以 Z3040B 为例钻床常见故障现象及检修见表2-4。

表2-4 Z3040B 钻床常见故障现象及检修方法

| 故障现象 | 故障原因 | 故障检修 |
| --- | --- | --- |
| 操作时一点反应也没有 | 1. 电源没有接通<br>2. $FU_3$ 烧断或 $L_{11}$、$L_{21}$ 导线有断路或脱落 | 1. 检查插头、电源引线、电源闸刀<br>2. 检查 $FU_3$、$L_{11}$、$L_{21}$ 线 |
| 按 $SB_3$,KM 不能吸合,但操作 $SA_6$,$KM_6$ 能吸合 | 36-37-38-KM 线圈-$L_{11}$ 中有断路或接触不良 | 用万用表电阻挡对相关线路进行测量 |
| 控制电路不能工作 | 1. $FU_5$ 烧断<br>2. FR 因主轴电动机过载而断开<br>3. 5号线或6号线断开<br>4. $TC_1$ 变压器线圈断路<br>5. $TC_1$ 初级进线 $U_{21}$、$V_{21}$ 中有断路<br>6. KM 接触器中 $L_1$ 相或 $L_2$ 相主触点烧坏<br>7. $FU_1$ 中 $U_{11}$、$V_{11}$ 相熔断 | 1. 检查 $FU_5$<br>2. 对 FR 进行手动复位<br>3. 查5、6号线<br>4. 查 $TC_1$<br>5. 查 $U_{21}$、$V_{21}$ 线<br>6. 检查 KM 主触点并修复或更换<br>7. 检查 $FU_1$ |
| 主轴电动机不能启动 | 1. 十字开关接触不良<br>2. $KM_4$(7-8)、$KM_5$(8-9)常闭触点接触不良<br>3. $KM_1$ 线圈损坏 | 1. 更换十字开关<br>2. 调整触点位置或更换触点<br>3. 更换线圈 |

## 机床电气控制系统维护

续表

| 故障现象 | 故障原因 | 故障检修 |
|---|---|---|
| 主轴电动机不能停转 | $KM_1$ 主触点熔焊 | 更换触点 |
| 摇臂升降后,不能夹紧 | 1. $SQ_2$ 位置不当<br>2. $SQ_2$ 损坏<br>3. 连到 $SQ_2$ 的 6、10、14 号线中有脱落或断路 | 1. 调整 $SQ_2$ 位置<br>2. 更换 $SQ_2$<br>3. 检查 6、10、14 号线 |
| 摇臂升降方向与十字开关标志的扳动方向相反 | 摇臂升降电动机 $M_4$ 相序接反 | 更换 $M_4$ 相序 |
| 立柱能放松,但主轴箱不能放松 | 1. $KM_3$ (6-22) 接触不良<br>2. KA (6-22) 或 KA (6-24) 接触不良<br>3. $KM_2$ (22-23) 常闭触点不通<br>4. KA 线圈损坏<br>5. YV 线圈开路<br>6. 22、23、24 号线中有脱落或断路 | 用万用表电阻挡检查相关部位并修复 |

## 工作步骤

(1) 观察 Z3040B 摇臂钻床的运行状况,记录在表 2-5~表 2-10 中。

**表 2-5 冷却泵电动机 $M_1$ 的运行情况记录表**

| 序号 | 操作内容 | 观察内容 | 观察结果 | 控制电路通路 |
|---|---|---|---|---|
| 1 | 按下启动按钮 $SB_3$ 旋转 $SA_6$ 至冷却泵开 | $KM_6$<br>冷却泵指示灯<br>冷却泵电动机 $M_1$ | | |
| 2 | 旋转 $SA_6$ 至冷却泵关 | $KM_6$<br>冷却泵指示灯<br>冷却泵电动机 $M_1$ | | |

**表 2-6 主轴电动机 $M_2$ 的运行情况记录表**

| 序号 | 操作内容 | 观察内容 | 观察结果 | 控制电路通路 |
|---|---|---|---|---|
| 1 | 按下启动按钮 $SB_3$,十字开关拨向右 | $KM_1$<br>主轴电动机 $M_2$<br>主轴运转指示灯 | | |
| 2 | 十字开关扳到中间 | $KM_1$<br>主轴电动机 $M_2$<br>主轴运转指示灯 | | |

**表 2-7 摇臂上升电动机 $M_4$ 运行情况记录表**

| 序号 | 操作内容 | 观察内容 | 观察结果 | 控制电路的通路 |
|---|---|---|---|---|
| 1 | 按下启动按钮 $SB_3$,十字开关拨向上 | $KM_4$<br>摇臂上升电动机 $M_4$<br>摇臂运动情况 | <br><br>放松(放松后压 $SQ_2$) | |

## 项目2 摇臂钻床电气控制系统的运行与维护

续表

| 序号 | 操作内容 | 观察内容 | 观察结果 | 控制电路的通路 |
|---|---|---|---|---|
| 1 | 按下启动按钮 $SB_3$,十字开关拨向上 | $SQ2$(6-14) | | |
| | | 摇臂运动情况 | 上升 | |
| | | 摇臂上升指示灯 | | |
| 2 | 十字开关扳回中间 | $KM_4$ | | |
| | | 摇臂上升电动机 $M_4$ | | |
| | | 摇臂运动情况 | | |
| | | 摇臂上升指示灯 | | |
| | | $KM_5$ | | |
| | | 电动机 $M_4$ | | |
| | | 摇臂运动情况 | 夹紧(夹紧后 $SQ_2$ 断开) | |
| | | $SQ_2$(6-14) | | |
| | | $KM_5$ | | |
| | | 电动机 $M_4$ | | |

表 2-8 摇臂下降电动机 $M_4$ 运行情况记录表

| 序号 | 操作内容 | 观察内容 | 观察结果 | 控制电路的通路 |
|---|---|---|---|---|
| 1 | 按下启动按钮 $SB_3$,十字开关拨向下 | $KM_5$ | | |
| | | 摇臂下降电动机 $M_4$ | | |
| | | 摇臂运动情况 | | |
| | | $SQ_2$(6-10) | | |
| | | 摇臂运动情况 | | |
| | | 摇臂下降指示灯 | | |
| 2 | 十字开关扳回中间 | $KM_5$ | | |
| | | 摇臂下降电动机 $M_4$ | | |
| | | 摇臂运动情况 | | |
| | | 摇臂下降指示灯 | | |
| | | $KM_4$ | | |
| | | 电动机 $M_4$ | | |
| | | 摇臂运动情况 | | |
| | | $SQ_2$(6-10) | | |
| | | $KM_4$ | | |
| | | 电动机 $M_4$ | | |

表 2-9 主轴、立柱夹紧运行情况记录表

| 序号 | 操作内容 | 观察内容 | 观察结果 | 控制电路的通路 |
|---|---|---|---|---|
| 1 | 按下按钮 $SB_1$ | $KM_2$ | | |
| | | KA | | |
| | | YV | | |
| | | 立柱夹紧指示灯 | | |
| | | 立柱夹紧电动机 $M_3$ | | |

续表

| 序号 | 操作内容 | 观察内容 | 观察结果 | 控制电路的通路 |
| --- | --- | --- | --- | --- |
| 2 | 松开按钮 $SB_1$ | $KM_2$ | | |
| | | 立柱夹紧指示灯 | | |
| | | 立柱夹紧电动机 $M_3$ | | |

表 2-10　主轴、立柱放松运行情况记录表

| 序号 | 操作内容 | 观察内容 | 观察结果 | 控制回路的通路 |
| --- | --- | --- | --- | --- |
| 1 | 按下按钮 $SB_2$ | $KM_3$ | | |
| | | KA | | |
| | | YV | | |
| | | 立柱放松指示灯 | | |
| | | 立柱放松电动机 $M_3$ | | |
| 2 | 松开按钮 $SB_2$ | $KM_3$ | | |
| | | 立柱放松指示灯 | | |
| | | 立柱放松电动机 $M_3$ | | |

（2）对钻床故障现象进行描述，完成表 2-11。

表 2-11　钻床故障记录表

| 序号 | 故障点 | 故障现象 | 可能原因 | 排除方法 |
| --- | --- | --- | --- | --- |
| 1 | | | | |
| 2 | | | | |
| 3 | | | | |
| 4 | | | | |
| 5 | | | | |
| 6 | | | | |
| 7 | | | | |
| 8 | | | | |
| 9 | | | | |
| 10 | | | | |

## 知识拓展

### 2.3.2　钻床电气设备保养

钻床电气保养、大修周期、内容、质量要求及完好标准见表 2-12。

## 项目 2 摇臂钻床电气控制系统的运行与维护

表 2-12 钻床电气保养、大修周期、内容、质量要求及完好标准

| 项目 | 内容 |
| --- | --- |
| 检修周期 | 1. 例保：一星期一次<br>2. 一保：一月一次<br>3. 二保：三年一次<br>4. 大修：与机床大修（机械）同时进行 |
| 钻床电气的例保内容 | 1. 查看表面有没有不安全的因素<br>2. 查看电器各方面运行情况，并向操作工了解设备运行状况<br>3. 查看开关箱内及电动机是否有水或油污进入<br>4. 查看导线及管线有无破裂现象 |
| 钻床电气的一保内容 | 1. 检查线路有无过热现象和损伤之处<br>2. 擦去电器及导线上的油污和灰尘<br>3. 拧紧连接处的螺栓，要求接触良好<br>4. 必要时更换个别损伤的电气元件和线段 |
| 钻床其他电器的一保 | 1. 检查电源线、限位开关、按钮等电器工作状况，并清扫灰尘和油污，打光触点，要求动作灵敏可靠<br>2. 检查熔断器、热继电器、安全灯、变压器等是否完好，并进行清扫<br>3. 测量线路及各电器的绝缘电阻，检查接地线，要求接触良好<br>4. 检查开关箱门是否完好，必要时进行检修 |
| 钻床电气二保（二保后达到完好标准） | 1. 进行一保的全部项目<br>2. 检查夹紧放松机构的电器，要求接触良好，动作灵敏<br>3. 检查总电源接触滑环接触良好，并清扫<br>3. 重新整定过流保护装置，要求动作灵敏可靠<br>4. 更换个别损伤的元件和老化损伤的电线段<br>5. 核对图纸，提出对大修的要求 |
| 钻床电气大修内容（大修后达到完好标准） | 1. 进行二保一保的全部项目<br>2. 拆开配电板进行清扫，更换不能用的电气元件及线段<br>3. 重装全部管线及电气元件，并进行排线<br>4. 重新整定过流保护元件<br>5. 进行试车，要求开关动作灵敏可靠，电动机发热声音正常，三相电流平衡<br>6. 核对图纸，油漆开关箱和其他附件 |
| 钻床电气完好标准 | 1. 各电器开关线路清洁整齐并有编号，无损伤，接触点接触良好<br>2. 电器线路及电动机绝缘电阻符合要求，床身接地良好<br>3. 热保护、过流保护、熔断器、信号装置符合要求<br>4. 各开关动作齐全灵敏可靠，电动机、电器无异常声响，各部温升正常，三相电流平衡<br>5. 图纸资料齐全 |

## 问题与思考 2-3

1. Z3040B 摇臂钻床若发生下列故障，请分别分析其故障原因。
（1）摇臂上升时能够夹紧，但在摇臂下降时没有夹紧的动作。
（2）摇臂能够下降和夹紧，但不能做放松和上升。
2. Z3040B 摇臂钻床摇臂不能升降的故障原因有哪些？

## 知识梳理与总结

（1）本项目从介绍Z3040B摇臂钻床的主要结构和运动情况开始，通过钻床摇臂电气控制线路的安装和故障检修，再经过相关知识、拓展知识的讲述，介绍了相关的电气元件，如行程开关、中间继电器等，还介绍了三相异步电动机正反转控制线路。

（2）对摇臂钻床的运动形式、电力拖动与控制要求、电气控制线路进行了分析，并针对钻床的故障现象结合机械、电气进行了剖析。钻床的运动形式较多，电气控制线路也较复杂。不管多复杂的线路总是由基本控制环节构成，在分析机床的电气控制时，应对机床的基本结构、运动形式、工艺要求等有全面的了解。

（3）分析钻床电气控制线路时，应先分析主电路，掌握各种电动机的作用、启动方法、调速方法、制动方法及各电动机的保护，并应注意各电动机的运动形式之间的相互关系。分析控制电路时应分析每一个控制环节对应的电动机，注意机械和电气的联动及各环节之间的互锁和保护。

（4）在钻床故障检修时要结合机械和液压部分的知识。

# 项目 3 万能铣床电气控制系统的运行与维护

**教学导航**

| 教 | 知识重点 | 1. 速度继电器的选择使用<br>2. 万能铣床电动机控制线路的安装与调试<br>3. 万能铣床电气原理图的识读<br>4. 万能铣床电气控制系统故障的诊断与维修 |
|---|---|---|
| | 知识难点 | 万能铣床电气控制系统故障的诊断与维修 |
| | 推荐教学方法 | 六步教学法，案例教学法，头脑风暴法 |
| | 推荐教学场所 | 教、学、做一体化实训室 |
| | 建议学时 | 理论教学 8~12 学时，"教学做"一体化教学 4 天 |
| 学 | 推荐学习方法 | 小组讨论法，角色扮演法 |
| | 必须掌握的技能 | 1. 能正确安装铣床电气控制线路<br>2. 能正确使用电工工具和仪表<br>3. 会检修万能铣床常见故障 |
| | 必须掌握的理论知识 | 1. 低压电器的选择使用<br>2. 机床电气原理图识读方法<br>3. 常见的故障检修方法 |

## 任务 3-1 三相异步电动机的反接制动控制线路的安装与调试

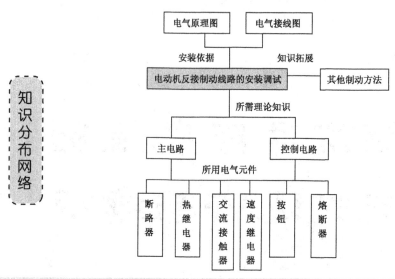

### 任务目标

培养进行三相异步电动机反接制动控制线路的设计、绘制、安装、调试与故障排查能力，整体控制系统的调试、评价能力。

### 任务描述

铣刀的切削是一种不连续的加工过程，为了避免机械传动系统产生震动，主轴上装有惯性轮，转动惯性较大，若自由停车需要较长的时间，大大影响工作效率，因此，在主轴停车时，要求有制动措施。本任务就是三相异步电动机的反接制动控制线路的安装与调试。

### 实践操作

三相异步电动机反接制动控制电路图如图 3-1 所示。教师连接控制线路图，通电操作使学生了解制动过程。

### 相关知识

铣床主要用于加工零件的平面、斜面、沟槽等型面；安装分度头后，可加工直齿轮或螺旋面，安装回转圆工作台则可加工凸轮和弧形槽。X62W 万能铣床外形示意图如图 3-2 所示。

#### 3.1.1 卧式万能铣床的主要工作方式

X62W 卧式万能铣床有两种运动。
（1）主运动——主轴带动铣刀的旋转运动。
① 主轴通过变换齿轮实现变速，有变速冲动控制。

项目3 万能铣床电气控制系统的运行与维护

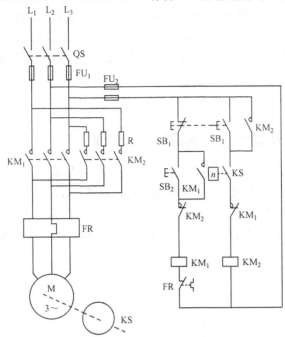

图 3-1 三相异步电动机反接制动控制电路图

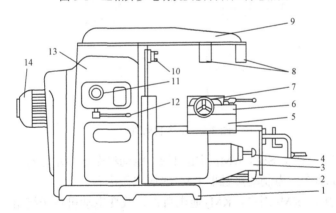

1—底座；2—进给电动机；3—升降台；4—进给变速手柄及变速盘；5—溜板；6—转动部分；7—工作台；
8—刀杆支架；9—悬梁；10—主轴；11—主轴变速盘；12—主轴变速手柄；13—床身；14—主轴电动机

图 3-2 X62W 万能铣床外形结构示意图

② 主轴电动机的正、反转改变主轴的转向，实现顺铣和逆铣。

③ 为减小负载波动对铣刀转速的影响，以保证加工质量，主轴上装有飞轮，转动惯量较大，要求主轴电动机有停车制动控制。

（2）进给运动——加工中工作台或进给箱带动工件的移动，以及圆工作台的旋转运动。（即工件相对铣刀的移动）。

① 工作台的纵向（左右）、横向（前后）、垂直（上下）6 个方向的进给运动由进给电动机 M 拖动，6 个方向由操作手柄改变传动键实现，要求 $M_2$ 正反转及各运动之间有联锁（只能一个方向运动）控制。

91

② 工作台能通过电磁铁吸合改变传动键的传动比实现快速移动，有变速冲动控制。

③ 使用圆工作台时，圆工作台旋转与工作台的移动运动有联锁控制。

④ 主轴旋转与工作进给有联锁：铣刀旋转后，才能进给；进给结束后，铣刀旋转才能结束。

⑤ 为操作方便，应能在两处控制各部件的启停。

### 3.1.2 三相异步电动机反接制动的基本原理

反接制动实质上是改变异步电动机定子绕组中三相电源相序，产生与转子惯性转动方向相反的反向启动转矩，进行制动如图 3-3 所示。进行反接制动时，首先将三相电源相序切换，然后在电动机转速接近零时，将电源及时切除。

三相异步电动机反接制动的控制电路图如图 3-1 所示，工作过程如下（见图 3-3）。

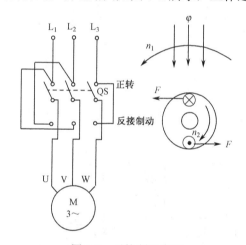

图 3-3 反接制动原理

合上电源开关 QS，按下 $SB_2$，$KM_1$ 得电自锁，电动机全压启动运行。当转速升到某一值后，速度继电器 KS 动作，为制动接触器 $KM_2$ 的通电做准备。

停车时，按下 $SB_1$，$KM_1$ 断电，$KM_2$ 通电自锁，改变电动机定子绕组中的电源相序，电动机定子绕组在串入电阻 R 的情况下反接制动，电动机转速迅速下降，当转速低于 100r/min 时，速度继电器 KS 复位，$KM_2$ 断电，制动过程结束。

### 3.1.3 速度继电器

速度继电器又称反接制动继电器，它是利用速度信号来切换电路的自动电器。与接触器配合，常用于电动机反接制动的控制电路中，当反接制动的转速下降到接近零时，其触点动作切断电路。速度继电器由转子、定子和触点三部分组成。速度继电器与电动机同轴，触点串接在控制电路中。图 3-4 为速度继电器的结构原理图及图形文字符号。

#### 1. 工作原理

转子是永久磁铁，与电动机同轴连接，用以接收转动信号。当转子（磁铁）旋转时笼型绕组切割转子磁场产生感应电动势，形成环内电流。转子转速越高，这一电流就越大。此电流与磁铁磁场相作用，产生电磁转矩，圆环在此力矩的作用下带动摆杆，克服弹簧力而顺着转子转动的方向摆动，并拨动触点改变其通断状态（摆杆作用各设一组切换触点，分别在速度继电器正转和反转时发生作用）。当调节弹簧弹性力时，可使速度继电器在不同转速时切换触点，改变通断状态。速度继电器的动作速度一般不低于120r/min，复位转速约在100r/min以下，该数值可以调整。工作时，允许的转速高达1000～3600r/min。由速度继电器的正转和反转切换触点的动作，来反映电动机转向和速度的变化，常用型号有JY1和JFZ0。

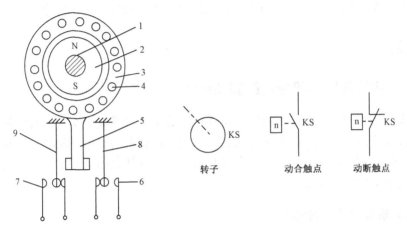

1—电动机轴；2—转子；3—定子；4—绕组；5—定子柄；6、7—静触点；8、9—动触点

图3-4 速度继电器的结构原理图和图形文字符号

### 2．速度继电器的选择

它主要根据电动机的额定转速、控制要求等来进行选择。

## 工作步骤

（1）根据图3-1列出所需的元件明细填入表3-1。

表3-1 电动机反接制动元件明细表

| 符号 | 名称 | 型号 | 规格 | 数量 |
|---|---|---|---|---|
|  |  |  |  |  |
|  |  |  |  |  |
|  |  |  |  |  |
|  |  |  |  |  |

（2）按表3-1配齐所用电气元件，并进行质量检验。电气元件应完好无损，各项技术指标符合规定要求，否则应予以更换。

（3）绘制电气元件布置图。

（4）绘制电气安装接线图。

（5）安装布线要求同任务1-1。

（6）根据图 3-1 检查布线的正确性，并进行主电路和控制电路的自检。

（7）经检验合格后，通电试车。通电时，必须经指导教师同意，由指导教师接通电源，并在现场进行监护。出现故障后，学生应独立进行检修。

接通三相电源 $L_1$、$L_2$、$L_3$，合上电源开关 QS，用电笔检查熔断器出线端，氖管亮说明电源接通。按下按钮 $SB_2$，观察电动机是否运转，按下按钮 $SB_1$，观察电动机制动现象，观察电气元件动作是否灵活，有无卡阻及噪声过大现象，观察电动机运行是否正常。若有异常，立即停车检查。

（8）通电试车完毕，停转，切断电源。先拆除三相电源线，再拆除电动机负载线。

## 知识拓展

### 3.1.4 三相异步电动机的其他制动方法

许多机床，如万能铣床、卧式镗床、组合机床等都要求迅速停车和准确定位。这就要求对电动机进行立即停车。制动停车的方式有两大类：机械制动和电气制动。机械制动采用机械抱闸或液压装置制动，电气制动实际上是利用电气方法使电动机产生一个与原来转子的转动方向相反的制动转矩来制动。

**1．电磁式机械制动控制电路**

在电动机被切断电源以后，利用机械装置使电动机迅速停转的方法称为机械制动。应用较普遍的机械制动装置有电磁抱闸和电磁离合器两种。这两种装置的制动原理基本相同，下面以电磁抱闸为例来说明机械制动的原理。

电磁抱闸主要包括两部分：制动电磁铁和闸瓦制动器。制动电磁铁由铁芯、衔铁和线圈三部分组成。闸瓦制动器由闸轮、闸瓦、杠杆和弹簧等部分组成。闸轮与电动机装在同一根轴上。

1）断电制动控制电路

在电梯、起重机、卷扬机等一类升降机械上，采用的制动闸平时处于"抱住"的制动装置，其控制电路如图 3-5 所示。其工作原理为：合上电源开关 QS，按启动按钮 $SB_1$，接触器 KM 通电吸合，电磁抱闸线圈 YA 通电，使抱闸的闸瓦与闸轮分开，电动机启动；当需要制动时，按停止按钮 $SB_2$，接触器 KM 断电释放，电动机的电源被切断。同时，电磁抱闸线圈 YA 也断电，在弹簧的作用下，闸瓦与闸轮紧紧抱住，电动机迅速制动。这种制动方法不会因中途断电或电气故障而造成事故，比较安全可靠。但缺点是电源切断后，电动机轴就被制动刹住不能转动，不便调整，而有些机械（如机床等），有时还要用人工将电动机的转轴转动，这时应采用通电制动控制电路。

2）通电制动控制电路

像机床这类经常需要调整加工工件位置的机械设备，一般采用制动闸平时处于"松开"状态的制动装置。图 3-6 所示为电磁抱闸通电制动控制电路，该控制电路与断电制动型不同，制动的结构也不同。其工作原理为：在主电路有电流流过时，电磁抱闸没有电压，这时抱闸与闸轮松开；按下停止按钮 $SB_2$ 时，主电路断电，通过复合按钮 $SB_2$ 的常开触点闭合，使 $KM_2$

项目3 万能铣床电气控制系统的运行与维护

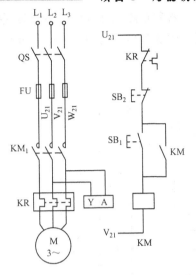

图3-5 电磁抱闸断电制动控制电路

线圈通电，电磁抱闸YA的线圈通电，抱闸与闸轮抱紧进行制动；当松开按钮$SB_2$时，电磁抱闸YA线圈断电，抱闸又松开。这种制动方法在电动机不转动的常态下，电磁抱闸线圈无电流，抱闸与闸轮也处于松开状态。这样，如用于机床，在电动机未通电时，可以用手扳动主轴以调整和对刀。

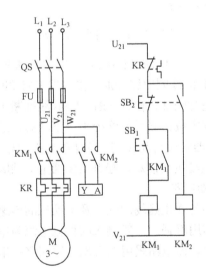

图3-6 电磁抱闸通电制动控制电路

### 2. 电气能耗制动控制电路

能耗制动是指在三相电动机停车切断三相电源后，将一直流电源接入定子绕组，产生一个静止磁场，此时电动机的转子由于惯性继续沿原来的方向转动，惯性转动的转子在静止的磁场中切割磁力线，产生一个与惯性转动方向相反的电磁转矩，对转子起制动作用，制动结束后切除直流电源。图3-7所示是实现上述控制过程的控制电路。图中，接触器$KM_1$的主触点闭合后接通三相电源。由变压器和整流元件构成的整流装置提供直流电源，$KM_2$ 接通时将直流电源接入电动机定子绕组。图 3-7（a）与图 3-7（b）分别是用复合按钮和用时间继电器实现能耗制动的控制电路。

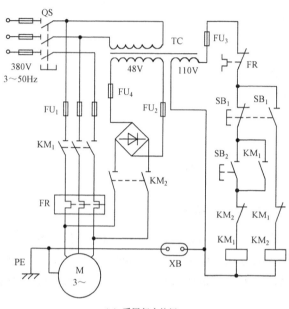

（a）采用复合按钮　　　　　　　　　（b）采用时间继电器

图 3-7　能耗制动控制电路

在图 3-7（a）控制电路中，当复合按钮 $SB_1$ 按下时，其动断触点切断接触器 $KM_1$ 的线圈电路，同时其动合触点将 $KM_2$ 的线圈电路接通，接触器 $KM_1$ 和 $KM_2$ 的主触点在主电路中断开三相电源，接入直流电源进行制动，松开 $SB_1$，$KM_2$ 线圈断电，制动停止。由于采用的是复合按钮控制，因此制动过程中按钮必须始终处于压下状态，这样操作很不便。

图 3-7（b）采用时间继电器实现自动控制，当复合按钮 $SB_1$ 压下时，$KM_1$ 线圈失电，$KM_2$ 和 KT 的线圈得电并自锁，电动机被制动，松开 $SB_1$ 复位，制动结束后，由时间继电器 KT 的延时动断触点断开 $KM_2$ 线圈电路。

能耗制动的制动转矩大小与静止磁场的强弱及电动机的转速 $n$ 有关。在同样的转速下，直流电流大，磁场强，制动作用就强。一般接入的直流电流为电动机空载电流的 3～5 倍，过大会烧坏电动机的定子绕组。该电路采用在直流电源回路中串接可调电阻的方法，来调节制动电流的大小。

能耗制动时制动转矩随电动机惯性转速的下降而减小，因而制动平稳。这种制动方法将转子惯性转动的机械能转换成电能，又消耗在转子的制动上，所以称为能耗制动。

## 问题与思考 3-1

1. 速度继电器的工作原理是什么？
2. 电动机的制动方法有哪些，分别用在什么场合？

项目 3  万能铣床电气控制系统的运行与维护

## 任务 3-2  万能铣床电气控制原理图的识读

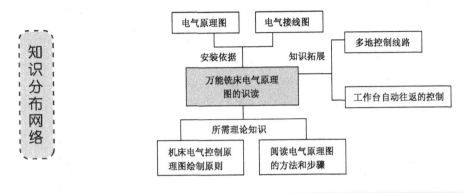

知识分布网络

### 任务目标

进一步了解电气制图的规则和方法,能够识读较复杂的电气线路图,能够读懂 X62W 铣床的电气原理图,为以后安装调试做准备。

### 任务描述

铣床故障检修首先要看懂电气原理图,知道铣床电气系统的安装和调试过程,本任务以 X62W 万能铣床为例学习铣床电气原理图的读图。

### 实践操作

X62W 铣床的整体电气控制原理图如图 3-8 所示,与前面学习的两个相比较,有哪些不同之处?结合铣床实际控制电路,查出其在整个电气原理图中的位置,分清主电路、控制电路及其他照明、信号电路。

### 相关知识

#### 3.2.1  电磁阀

电磁阀是电气系统中用于自动控制开启和截断液压或气压通路的阀门。电磁阀按电源种类分有直流电磁阀、交流电磁阀、交直流电磁阀等;按用途分有控制一般介质(气体、液体)电磁阀、制冷装置用电磁阀、蒸汽电磁阀、脉冲电磁阀等;按动作方式分有直接启动式和间接启动式。各种电磁阀都有二通、三通、四通、五通等规格。图 3-9 所示是螺管电磁系统电磁阀的结构示意图,它由动铁芯 1、静铁芯 2、外壳 3、压盖 4、隔磁管 5、线圈 6、管路 7、阀体 8、反力弹簧 9 等组成。为了使介质与磁路的其他部分隔绝,用非磁性材料(如不锈钢)制成隔磁管将动铁芯与静铁芯包住,并将其下部与压盖密封,在压盖与阀体之间用氟橡胶密封圈密封,使进、出管之间不会泄漏。该电磁阀的阀门是直通式的,用反力弹簧压住动铁芯上端,而动铁芯下端的氟橡胶塞将阀门进出口密封阻塞。当接通线圈电源时,电磁吸力克服反力弹簧的阻力把动铁芯吸起,开启阀门接通管道。

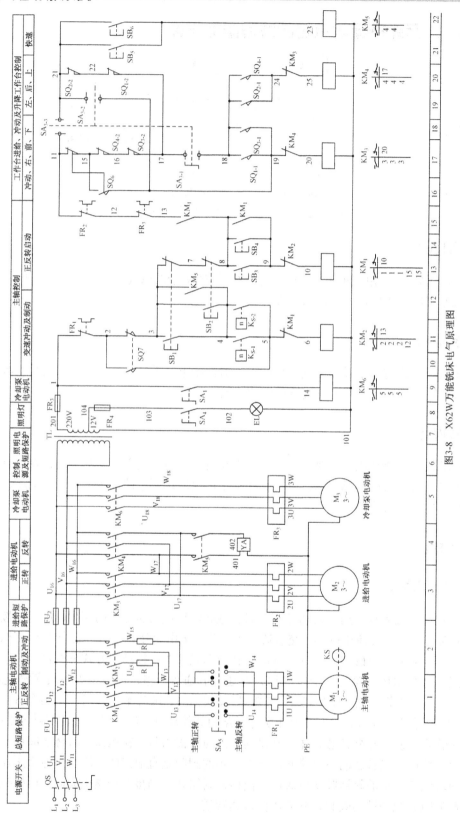

图3-8 X62W万能铣床电气原理图

项目3　万能铣床电气控制系统的运行与维护

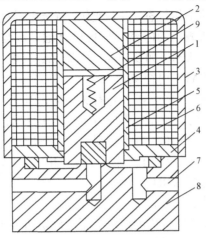

图3-9　螺管电磁系统电磁阀

在液压系统中电磁阀也用来控制液流方向，而阀门的开关是由电磁铁来操控的。所以控制电磁铁就是控制电磁阀。电磁阀的结构性能可用它的位置数和通路数来表示，并有单电磁铁（称为单电式）和双电磁铁（称为双电式）两种。图3-10所示是电磁阀的图形和文字符号，其中，图3-10（a）为单电两位二通电磁换向阀；图3-10（b）为单电两位三通电磁换向阀；图3-10（c）为单电两位四通电磁换向阀；图3-10（d）为单电两位五通电磁换向阀；图3-10（e）为双电两位四通电磁换向阀；图3-10（f）为双电三位四通电磁换向阀；图3-10（g）为电磁阀线圈的电气图形符号和文字符号。在单电磁阀图形符号中，与电磁铁邻接的方格中表示孔的通向正是电磁铁得电时的工作状态，与弹簧邻接的方格中表示的状态是电磁铁失电时的工作状态。双电磁铁图形符号中，与电磁铁邻接的方格中表示孔的通向正是该侧电磁铁得电的工作状态。

如在图3-10（d）中，电磁铁得电的工作状态是1孔与3孔相通，2孔与4孔相通；电磁铁失电时的工作状态，由于弹簧起作用，使阀芯处在右边，1孔与2孔通，3孔与4孔通，2孔还与4孔通，即改变了油液（压缩空气）进入液（气）压缸的方向，实现了换向。

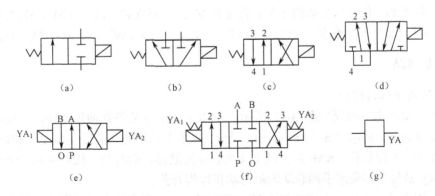

图3-10　电磁阀的图形和文字符号

在图3-10（e）中，与$YA_1$中邻接的方格中的工作状态是P与A通，B与O通，也即表示电磁线圈$YA_1$得电时的工作状态。随后如果$YA_1$失电，而$YA_2$又未得电，此时，电磁阀的

工作状态仍保留 $YA_1$ 得电时的工作状态，没有变化，直至电磁铁 $YA_2$ 得电时，电磁阀才换向。其工作状态为 $YA_2$ 邻接方格所表示的内容，即 P 与 B 通，A 与 O 通。同样，如接着 $YA_2$ 失电，仍保留 $YA_2$ 得电时的工作状态，如要换向，则需 $YA_1$ 得电，才能改变流向。设计控制电路时，不允许电磁铁 $YA_1$ 与 $YA_2$ 同时得电。

在图 3-10（f）中，当电磁铁 $YA_1$ 和 $YA_2$ 都失电时，其工作状态是以中间方格的内容表示，四孔互不相通，与上述相同，如 $YA_1$ 得电时，阀的工作状态由邻接 $YA_1$ 的方格所表示的内容确定，即 P 与 A 通，B 与 O 通。当 $YA_2$ 得电时，阀的工作状态视邻接 $YA_2$ 的方格所表示的内容确定，即 P 与 B 通，A 与 O 通。对三位四（五）通电磁阀，在设计控制电路时，同样是不允许电磁铁 $YA_1$ 与 $YA_2$ 同时得电。

电磁阀在选用时应注意以下几点。

（1）阀的工作机能要符合执行机构的要求，据此确定所采用阀的形式（二位或三位，单电或双电，二通或三通，四通，五通等）。

（2）阀的额定工作压力等级及流量要满足系统要求。

（3）电磁铁线圈采用的电源种类及电压等级等都要与控制电路一致，并应考虑通电持续率。

### 3.2.2 铣床电气控制系统分析

#### 1. 主电路

铣床由三台电动机拖动，$M_1$ 是主轴电动机；$M_2$ 是进给电动机；$M_3$ 是冷却泵电动机。

（1）主轴电动机 $M_1$：主轴电动机 $M_1$ 通过换相开关 $SA_5$ 与接触器 $KM_1$ 配合，能进行正反转控制，而与接触器 $KM_2$、制动电阻器 R 及速度继电器的配合，能实现串电阻瞬时冲动和正反转反接制动控制，并能通过机械进行变速。

（2）进给电动机 $M_2$：进给电动机 $M_2$ 能进行正反转控制，通过接触器 $KM_3$、$KM_4$ 与行程开关及 $KM_5$、牵引电磁铁 YA 配合，能实现进给变速时的瞬时冲动、6 个方向的常速进给和快速进给控制。

（3）冷却泵电动机 $M_3$：冷却泵电动机 $M_3$ 只能正转。

（4）熔断器 $FU_1$ 做机床总短路保护，也兼做 $M_1$ 的短路保护；$FU_2$ 做 $M_2$、$M_3$ 及控制变压器 TC、照明灯 EL 的短路保护；热继电器 $FR_1$、$FR_2$、$FR_3$ 分别做 $M_1$、$M_2$、$M_3$ 的过载保护。

#### 2. 控制电路

1）主轴电动机的控制

主轴电动机的电气控制如图 3-11 所示。主轴（$M_1$）的启停在两地操作，一处在升降台上，一处在床身上。$SB_1$、$SB_3$ 与 $SB_2$、$SB_4$ 是分别装在机床两边的停止（制动）和启动按钮，实现两地控制，方便操作。$KM_1$ 是主轴电动机启动接触器，$KM_2$ 是反接制动和主轴变速冲动接触器。$SQ_7$ 是与主轴变速手柄联动的瞬时动作行程开关。

（1）主轴启动。主轴电动机需启动时，要先将 $SA_5$ 扳到主轴电动机所需要的旋转方向，然后再按启动按钮 $SB_3$ 或 $SB_4$ 来启动电动机 $M_1$，$M_1$ 启动后，速度继电器 KS 的一副常开触点闭合，为主轴电动机的停转制动做好准备。即

$$SB_3^+(SB_4^+) \rightarrow KM_1^+（自锁）\rightarrow M_1 启动 \rightarrow KS\text{-}1^+(KS\text{-}2^+) 为反接制动做准备$$

# 项目3 万能铣床电气控制系统的运行与维护

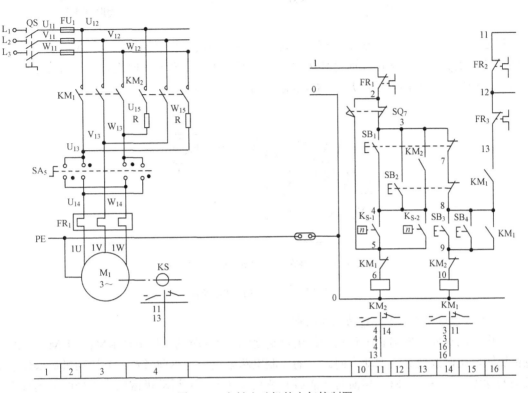

图3-11 主轴电动机的电气控制图

主轴启动（即）按 $SB_3$ 或 $SB_4$ 时控制线路的通路：1－2－3－7－8－9－10－$KM_1$ 线圈－0。

（2）主轴停止。停车时，按停止按钮 $SB_1$ 或 $SB_2$ 切断 $KM_1$ 电路，接通 $KM_2$ 电路，改变 $M_1$ 的电源相序进行串电阻反接制动。当 $M_1$ 的转速低于120r/min时，速度继电器 KS 的一副常开触点恢复断开，切断 $KM_2$ 电路，$M_1$ 停转，制动结束。即

$SB_1^+(SB_2^+) \rightarrow KM_1^- \rightarrow KM_2^+$（自锁）$\rightarrow M_1$ 反接制动 $\xrightarrow{N<120r/min}$ $KS\text{-}1^-(KS\text{-}2^-) \rightarrow M_1$ 停车。

主轴停止与反接制动（即按 $SB_1$ 或 $SB_2$）时的通路：1－2－3－4－5－6－$KM_2$ 线圈－0。控制电路电源为220V。

（3）主轴变速冲动。主轴电动机变速时的瞬动（冲动）控制，是利用变速手柄与冲动行程开关 $SQ_7$ 通过机械上联动机构进行控制的，如图3-12所示。

变速时，先下压变速手柄，然后拉到前面，当快要落到第二道槽时，转动变速盘，选择需要的转速。此时凸轮压下弹簧杆，使冲动行程 $SQ_7$ 的常闭触点先断开，切断 $KM_1$ 线圈的电路，电动机 $M_1$ 断电；同时 $SQ_7$ 的常开触点接通，$KM_2$ 线圈得电动作，$M_1$ 被反接制动。当手柄拉到第二道槽时，$SQ_7$ 不受凸轮控制而复位，$M_1$ 停转。接着把手柄从第二道槽推回原始位置时凸轮又瞬时压动行程开关 $SQ_7$，使 $M_1$ 反向瞬时冲动一下，以利于变速后的齿轮啮合。

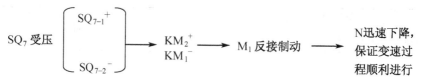

$SQ_7$ 受压 $\begin{Bmatrix} SQ_{7-1}^+ \\ SQ_{7-2}^- \end{Bmatrix}$ → $\begin{matrix} KM_2^+ \\ KM_1^- \end{matrix}$ → $M_1$ 反接制动 → N迅速下降，保证变速过程顺利进行

但要注意，不论是开车还是停车时，都应以较快的速度把手柄推回原始位置，以免通电时间过长，引起 $M_1$ 转速过高而打坏齿轮。主轴变速可在主轴不动时进行，亦可在主轴工作时进行，利用变速手柄与限位开关 $SQ_7$ 的联动机构进行控制。

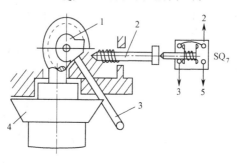

1—凸轮；2—弹簧杆；3—变速手柄；4—变速盘

图 3-12 主轴变速冲动示意图

2）工作台进给电动机 $M_2$ 的电气控制

工作台的纵向、横向和垂直运动都由进给电动机 $M_2$ 驱动，接触器 $KM_3$ 和 $KM_4$ 使 $M_2$ 实现正反转，用以改变进给运动方向。它的控制电路采用了与纵向（左右）运动机械操作手柄联动的行程开关 $SQ_1$、$SQ_2$ 和横向（前后）及垂直（上下）运动机械操作手柄联动的行程开关 $SQ_3$、$SQ_4$ 组成复合联锁控制，即在选择 3 种运动形式的 6 个方向移动时，只能进行其中一个方向的移动，以确保操作安全，当这两个机械操作手柄都在中间位置时，各行程开关都处于未压的原始状态。

由原理图可知：$M_2$ 电动机在主轴电动机 $M_1$ 启动后才能进行工作。在机床接通电源后，将控制圆工作台的组合开关 $SA_{3-2}$（通断情况见表 3-2）（21-19）扳到断开状态，使触点 $SA_{3-1}$（17-18）和 $SA_{3-3}$（11-21）闭合，然后按下 $SB_3$ 或 $SB_4$，这时接触器 $KM_1$ 吸合，使 $KM_1$（8-12）闭合，就可进行工作台的进给控制。

表 3-2 圆工作台选择开关 $SA_3$ 触点通断情况

| 触点 \ 位置 | 接通圆工作台 | 断开圆工作台 |
| --- | --- | --- |
| $SA_{3-1}$ | − | + |
| $SA_{3-2}$ | + | − |
| $SA_{3-3}$ | − | + |

（1）工作台纵向（左右）运动的控制。工作台的纵向运动是由进给电动机 $M_2$ 驱动，由纵向操纵手柄来控制。此手柄是复式的，一个安装在工作台底座的顶面中央部位，另一个安装在工作台底座的左下方。手柄有 3 个位置：向左、向右、零位。工作台纵向操作手柄行程

开关触点通断情况见表 3-3。当手柄扳到向右或向左运动方向时，手柄的联动机构压下行程 SQ$_2$ 或 SQ$_1$，使接触器 KM$_4$ 或 KM$_3$ 动作，控制进给电动机 M$_2$ 的转向。工作台左右运动的行程，可通过调整安装在工作台两端的撞铁位置来实现。当工作台纵向运动到极限位置时，撞铁撞动纵向操纵手柄，使它回到零位，M$_2$ 停转，工作台停止运动，从而实现了纵向终端保护。

表 3-3　工作台纵向操作手柄行程开关触点通断情况

| 位置<br>触点 | 向右压（SQ$_2$） | 中间（行） | 向左压（SQ$_1$） |
| --- | --- | --- | --- |
| SQ$_{1-1}$ | − | − | + |
| SQ$_{1-2}$ | + | + | − |
| SQ$_{2-1}$ | + | − | − |
| SQ$_{2-2}$ | − | + | + |

① 右进给运动控制。当纵向操纵手柄扳至向左位置时，机械上仍然接通纵向进给离合器，但压动了行程开关 SQ$_1$，使 SQ$_{1-2}$ 断，SQ$_{1-1}$ 通，使 KM$_3$ 吸合，M$_2$ 正转，工作台向右进给运动，即

手柄扳向左 → 合上纵向进给机械离合器
　　　　　→ 压下 SQ$_1$ （SQ$_{1-1}^+$／SQ$_{1-2}^-$） → KM$_3^+$ → M$_2$ 正转 → 工作台右移

其通路为：11－15－16－17－18－19－20－KM$_3$ 线圈－0

② 停止右进给。纵向操作手柄板回中间位置，SQ$_1$ 不受压，工作台停止移动。

③ 左进给运动控制。工作台向左运动：在 M$_1$ 启动后，将纵向操作手柄扳至向右位置，机械接通纵向离合器，同时在电气上压下 SQ$_2$，使 SQ$_{2-2}$ 断，SQ$_{2-1}$ 通，而其他控制进给运动的行程开关都处于原始位置，此时使 KM$_4$ 吸合，M$_2$ 反转，工作台向左进给运动。

手柄扳向右 → 合上纵向进给机械离合器
　　　　　→ 压下 SQ$_2$ （SQ$_{2-1}^+$／SQ$_{2-2}^-$） → KM$_4^+$ → M$_2$ 反转 → 工作台左移

其通路为：11－15－16－17－18－24－25－KM$_4$ 线圈－0。

④ 停止左进给。纵向操作手柄板回中间位置，SQ$_2$ 不受压，工作台停止移动。

（2）工作台横向（前后）和垂直（上下）进给运动的控制。

工作台上下和前后运动的控制：工作台的垂直和横向运动，由垂直和横向进给手柄操纵。此手柄也是复式的，有两个完全相同的手柄分别装在工作台左侧的前、后方。工作台升降、横向行程开关触点通断情况见表 3-4。手柄的联动机械压下行程开关 SQ$_3$ 或 SQ$_4$，同时能接通垂直或横向进给离合器。操纵手柄有 5 个位置（上、下、前、后、中间），5 个位置是联锁的，工作台的上下和前后的终端保护是利用装在床身导轨旁与工作台座上的撞铁，将操纵十字手柄撞到中间位置，使 M$_2$ 断电停转。

表 3-4  十字形手柄工作台升降、横向行程开关触点通断情况

| 位置<br>触点 | 向前（下）压 $SQ_4$ | 中间（行） | 向后（上）压 $SQ_3$ |
|---|---|---|---|
| $SQ_{3-1}$ | − | − | + |
| $SQ_{3-2}$ | + | + | − |
| $SQ_{4-1}$ | + | − | − |
| $SQ_{4-2}$ | − | + | + |

① 工作台向上运动控制。将十字操纵手柄扳至向上位置时，机械上接通垂直进给离合器，同时压下 $SQ_3$，使 $SQ_{3-2}$ 断，$SQ_{3-1}$ 通，使 $KM_3$ 吸合，$M_2$ 正转，工作台向上运动。

其通路为：11−21−22−17−18−19−20−$KM_3$ 线圈−0。

② 工作台向下运动控制。将十字操纵手柄扳至向下位置时，机械上接通垂直进给离合器，同时压下 $SQ_4$，使 $SQ_{4-2}$ 断，$SQ_{4-1}$ 通，使 $KM_4$ 吸合，$M_2$ 反转，工作台向下运动。

其通路为：11−21−22−17−18−24−25−$KM_4$ 线圈−0。

③ 工作台向前运动控制。将十字操纵手柄扳至向前位置时，机械上接通横向进给离合器，同时压下 $SQ_4$，使 $SQ_{4-2}$ 断，$SQ_{4-1}$ 通，使 $KM_4$ 吸合，$M_2$ 反转，工作台向前运动。

其通路为：11−21−22−17−18−24−25−$KM_4$ 线圈−0。

④ 工作台向后运动控制：将十字操纵手柄扳至向后位置时，机械上接通横向进给离合器，同时压下 $SQ_3$，使 $SQ_{3-2}$ 断，$SQ_{3-1}$ 通，使 $KM_3$ 吸合，$M_2$ 正转，工作台向后运动。

其通路为：11−21−22−17−18−19−20−$KM_3$ 线圈−0。

工作台 6 个方向的运动有极限保护。

工作台各方向运动有联锁：

左、右 ⎫
　　　　⎬ 机械联锁
横向与升降 ⎭

左、右运动，横向与升降是电气联锁

（3）进给电动机变速时的瞬动（冲动）控制。变速时，为使齿轮易于啮合，进给变速与主轴变速一样，设有变速冲动环节。当需要进行进给变速时，应将转速盘的蘑菇形手轮向外拉出并转动转速盘，把所需进给量的标尺数字对准箭头，然后再把蘑菇形手轮用力向外拉到极限位置并随即推向原位，就在一次操纵手轮的同时，其连杆机构二次瞬时压下行程开关 $SQ_6$，使 $KM_3$ 瞬时吸合，$M_2$ 做正向瞬动。

其通路为：11−21−22−17−16−15−19−20−$KM_3$ 线圈−0。由于进给变速瞬时冲动的通电回路要经过 $SQ_1$-$SQ_4$ 四个行程开关的常闭触点，因此，只有当进给运动的操作手柄都在中间（停止）位置时，才能实现进给变速冲动控制，以保证操作时的安全。同时，与主轴变速时冲动控制一样，电动机的通电时间不能太长，以防止转速过高，在变速时打坏齿轮。

（4）工作台的快速进给控制。为提高劳动生产率，要求铣床在不做铣切加工时，工作台能快速移动。

工作台快速进给也是由进给电动机 $M_2$ 来驱动的，在纵向、横向和垂直 3 种运动形式 6 个

## 项目3 万能铣床电气控制系统的运行与维护

方向上都可以实现快速进给控制。

主轴电动机启动后,将进给操纵手柄扳到所需位置,工作台按照选定的速度和方向作常速进给移动时,再按下快速进给按钮 $SB_5$(或 $SB_6$),使接触器 $KM_5$ 通电吸合,接通牵引电磁铁 YA,电磁铁通过杠杆使摩擦离合器合上,减少中间传动装置,使工作台按运动方向做快速进给运动。当松开快速进给按钮时,电磁铁 YA 断电,摩擦离合器断开,快速进给运动停止,工作台仍按原常速进给时的速度继续运动。即

按下 $SB_5$($SB_6$)→$KM_5^+$→电磁铁 YA 通电→工作台快速进给

(5)圆工作台运动的控制。铣床如需铣切螺旋槽、弧形槽等曲线时,可在工作台上安装圆形工作台及传动机械,圆形工作台的回转运动也是由进给电动机 $M_2$ 传动机构驱动的。

圆工作台工作时,应先将进给操作手柄都扳到中间(停止)位置,然后将圆工作台组合开关 $SA_3$ 扳到圆工作台接通位置。此时 $SA_{3-1}$ 断,$SA_{3-3}$ 断,$SA_{3-2}$ 通。准备就绪后,按下主轴启动按钮 $SB_3$ 或 $SB_4$,则接触器 $KM_1$ 与 $KM_3$ 相继吸合。主轴电动机 $M_1$ 与进给电动机 $M_2$ 相继启动并运转,而进给电动机仅以正转方向带动圆工作台做定向回转运动。其通路为:11－15－16－17－22－21－19－20－$KM_3$ 线圈－0。由上可知,圆工作台与工作台进给有互锁,即当圆工作台工作时,不允许工作台在纵向、横向、垂直方向上有任何运动。若误操作而扳动进给运动操纵手柄(即压下 $SQ_1$－$SQ_4$、$SQ_6$ 中任一个),$M_2$ 即停转。

## 工作步骤

(1)阅读 X62W 铣床电气原理图,并将识读结果填入表 3-5~表 3-7 中。

表 3-5 主轴电动机控制的电路组成部分识读

| 序号 | 识读任务 | 参考图区 | 电路组成 | 元件功能 |
|---|---|---|---|---|
| 1 | 识读电源电路 | | QS | |
| 2 | | | $FU_1$ | |
| 3 | 识读主电路 | | $KM_1$ 主触点 | |
| 4 | | | $KM_2$ 主触点 | |
| 5 | | | $FR_1$ 驱动元件 | |
| 6 | | | 电动机 $M_1$ | |
| 7 | | | 速度继电器 KS | |
| 8 | | | 电阻 R | |
| 9 | 识读控制电路 | | $SQ_7$ | |
| 10 | | | $SB_1$、$SB_2$ | |
| 11 | | | $SB_3$、$SB_4$ | |
| 12 | | | $SA_5$ | |
| 13 | | | $KM_1$ 常闭 | |
| 14 | | | $KM_2$ 常闭 | |
| 15 | | | $K_{S-1}$ | |
| 16 | | | $K_{S-2}$ | |

表3-6 进给电动机控制电路组成部分识读

| 序号 | 识读任务 | 参考图区 | 电路组成 | 元件功能 |
|---|---|---|---|---|
| 1 | 识读电源电路 | | $FU_2$ | |
| 2 | 识读主电路 | | $KM_3$ 主触点 | |
| 3 | | | $KM_4$ 主触点 | |
| 4 | | | $KM_5$ 主触点 | |
| 5 | | | $FR_2$ 驱动元件 | |
| 6 | | | 电动机 $M_2$ | |
| 7 | | | 电磁铁 YA | |
| 8 | 识读控制电路 | | $SQ_6$ | |
| 9 | | | $SA_{3-1}$、$SA_{3-3}$ | |
| 10 | | | $SA_{3-2}$ | |
| 12 | | | $SQ_1$、$SQ_2$ | |
| 13 | | | $SQ_3$、$SQ_4$ | |
| 14 | | | $KM_3$ 常闭 | |
| 15 | | | $KM_4$ 常闭 | |
| 16 | | | $SB_5$ | |
| 17 | | | $SB_6$ | |

表3-7 冷却泵和照明、指示电路组成部分的识读

| 序号 | 识读任务 | 参考图区 | 电路组成 | 元件功能 |
|---|---|---|---|---|
| 1 | 识读主电路 | | $KM_6$ 主触点 | |
| 2 | | | $FR_3$ 驱动元件 | |
| 3 | | | 电动机 $M_3$ | |
| 4 | 识读控制电路 | | TC | |
| 5 | | | $FU_3$ | |
| 6 | | | $FU_4$ | |
| 7 | | | $SA_4$ | |
| 8 | | | $SA_1$ | |
| 9 | | | EL | |

（2）观察铣床控制柜并将所需的元件明细填入表3-8。

表3-8 铣床元件明细表

| 符号 | 名称 | 型号 | 规格 | 数量 |
|---|---|---|---|---|
| | | | | |
| | | | | |
| | | | | |
| | | | | |
| | | | | |
| | | | | |
| | | | | |
| | | | | |

（3）按表 3-8 配齐所用电器元件，并进行质量检验。电器元件应完好无损，各项技术指标符合规定要求，否则应予以更换。

（4）画出铣床电器元件布置图。

（5）画出铣床电气安装接线图。

（6）根据元件布置图和接线图进行安装布线，要求同任务 1-1。

（7）根据图 3-8 检查布线的正确性，并进行主电路和控制电路的自检。

（8）经检验合格后，通电试车。通电时，必须经指导教师同意，由指导教师接通电源，并在现场进行监护。出现故障后，学生应独立进行检修。

（9）通电试车完毕，停转，切断电源。先拆除三相电源线，再拆除电动机负载线。

**知识拓展**

### 3.2.3　三相笼型异步电动机多地控制线路

对于多数机床而言，因加工需要，加工人员应该在机床正面和侧面均能进行操作，如图 3-13 所示为一台三相笼型异步电动机单方向旋转的两地控制线路。$SB_1$、$SB_2$ 为机床正面、侧面两地总停开关；$SB_3$、$SB_4$ 为 M 电动机的两地启动控制。

多地控制的原则是启动按钮并联，停车按钮串联。

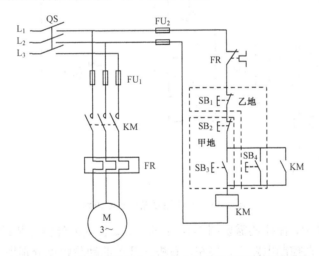

图 3-13　三相笼型异步电动机单方向旋转的两地控制线路

### 3.2.4　机床工作台自动往返的控制

在生产中，有些机械的工作需要自动往复运动，如钻床的刀架、万能铣床的工作台等。为了实现对这些生产机械的自动控制，就要确定运动过程中的变化参量，一般情况下为行程和时间，最常采用的是行程控制。

如图 3-14 所示为最基本的自动往复运动的工作示意图，它是利用行程开关 $SQ_1$、$SQ_2$ 来实现的。将 $SQ_1$ 安装在左端需要进行反向的位置 A 上，$SQ_2$ 安装在右端需要进行反向的位置 B 上，机械挡块安装在工作台等运动部件上，工作台由电动机拖动运动。

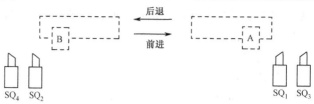

图 3-14 自动往复运动的工作示意图

如图 3-15 所示为自动往复循环控制电路,KM、KMR 分别为电动机正反转控制接触器。启动时,按下正转按钮 $SB_2$,KM 线路通电并自锁,主触点接通主电路,电动机正转,带动工作台前进。当工作台运动到左端的位置 A 时,机械挡块碰到 $SQ_1$,其动断触点断开,切断 KM 线圈电路,使其主触点复位,KM 动断触点闭合,同时 $SQ_1$ 的动合触点使 KMR 线圈通电并自锁,电动机定子绕组电源相序改变,电动机进行反接制动,转速迅速下降,然后反向启动,带动工作台反向向后运动,当工作台运动到右端位置 B 时,其上的挡块撞压行程开关 $SQ_2$,$SQ_2$ 动断触点断开使 KMR 线圈断电,$SQ_2$ 的动合触点闭合使 KM 线圈电路接通,电动机先进行反接制动再反向启动,带动工作台前进。这样,工作台自动进行往复运动。当按下停止按钮 $SB_1$ 时,电动机停车。

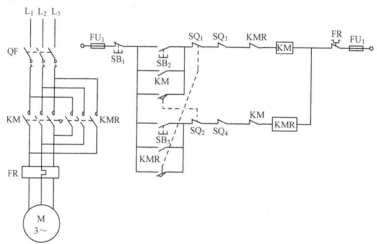

图 3-15 自动往复循环控制电路

在实际生产机械中,往往还需要图 3-14 中的 A、B 位置的外侧再装设两只行程开关分别做左、右极限保护。在控制电路中,将左、右极限开关的动断触点分别串联在 KM、KMR 线圈电路中,如图 3-15 中的 $SQ_3$、$SQ_4$,这样就可以实现限位保护了。

由上述工作过程可见,工作台每往返一次,电动机就要经受两次反接制动过程,将出现较大的单节制动电流和机械冲击力。因此,这种线路只适用于循环周期较长的生产机械。在选择接触器容量时,应比一般情况下选择的容量大些。

机械式的行程开关容易损坏,可采用接近开关或光电开关实现行程控制。

接线后,要检查电动机的转向与检测开关是否协调。例如,电动机正转(即 KM 吸合),工作台运动到需要反向的位置时,挡块应该撞到检测开关 $SQ_1$,而不应撞到 $SQ_2$。否则电动机不会反向,即工作台不会反向。如果电动机转向与检测开关不协调,只要将三相异步电动机的三相电源线对调两相即可。

## 项目 3 万能铣床电气控制系统的运行与维护

**问题与思考 3-2**

1. 铣床在变速时，为什么要进行冲动控制？
2. 写出工作台向左运动时的通路。
3. X62W 万能铣床工作台运动控制有什么特点？在电气与机械上是如何实现工作台运动控制的？

## 任务 3-3 万能铣床电气控制系统的故障分析与检修

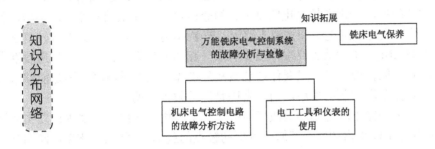

### 任务目标

训练学生对机床电气维修仪器和工具的使用，训练学生的 X62W 铣床故障排查能力，整体控制系统的调试、评价能力，学会确定故障点的常用测量法（短路法）。

### 任务描述

铣床的常见故障有主轴停车时没有制动、工作台不能进给、圆工作台不工作等故障。该工作任务以 X62W 万能铣床为例学习铣床的各种故障诊断和维修。

### 实践操作

通电演示铣床正常工作情况，设置故障点使圆工作台不能工作，演示排除故障的方法和步骤。

### 相关知识

#### 3.3.1 铣床维修注意事项

（1）检修前要认真阅读电路图，熟练掌握各个控制环节的原理及作用，并认真仔细地观察教师的示范。

（2）由于铣床的电气控制与机械结构的配合十分紧密，在出现故障时，应注意判明是机械故障还是电气故障。

（3）首先检查各开关是否处于正常工作位置；再查看三相电源、各熔断器是否正常。

（4）修复故障后，要注意消除产生故障的根本原因。

### 3.3.2 万能铣床故障分析与维修

铣床电气控制线路与机械系统的配合十分密切，其电气线路的正常工作往往与机械系统的正常工作是分不开的，这就是铣床电气控制线路的特点。正确判断是电气故障还是机械故障，熟悉机电部分配合情况，是迅速排除电气故障的关键。这就要求维修电工不仅要熟悉电气控制线路的工作原理，还要熟悉有关机械系统的工作原理及机床操作方法。下面参考图3-16通过几个实例来叙述X62W铣床的常见故障及其排除方法。

1）主轴停车时无制动

主轴停车无制动时首先要检查按下停止按钮 $SB_1$ 或 $SB_2$ 后，反接制动接触器 $KM_2$ 是否吸合，$KM_2$ 不吸合，则故障原因一定在控制电路部分，检查时可先操作主轴变速冲动手柄，若有冲动，故障范围就缩小到速度继电器和按钮支路上。若 $KM_2$ 吸合，则故障原因就较复杂一些。其一，是主电路的 $KM_2$、R制动支路中，至少有缺一相的故障存在；其二，是速度继电器的常开触点过早断开。但在检查时，只要仔细观察故障现象，这两种故障原因是能够区别的，前者的故障现象是完全没有制动作用，而后者则是制动效果不明显。

由以上分析可知，主轴停车时无制动的故障原因，较多是由于速度继电器KS发生故障引起的。如KS常开触点不能正常闭合，其原因有推动触点的胶木摆杆断裂；KS轴伸端圆销扭弯、磨损或弹性连接元件损坏；螺钉销钉松动或打滑等。若KS常开触点过早断开，其原因有KS动触点的反力弹簧调节过紧；KS的永久磁铁转子的磁性衰减等。

应该说明，机床电气的故障不是千篇一律的，所以在维修过程中，不可生搬硬套，而应该采用理论与实践相结合的灵活处理方法。

2）主轴停车后产生短时反向旋转

这一故障一般是由于速度继电器KS动触点弹簧调整过松，使触点分断过迟引起，只要重新调整反力弹簧便可消除。

3）按下停止按钮后主轴电动机不停转

产生故障的原因有：接触器 $KM_1$ 主触点熔焊；反接制动时两相运行；$SB_3$ 或 $SB_4$ 在启动 $M_1$ 后绝缘层被击穿。这三种故障原因，在故障的现象上是能够加以区别的：如按下停止按钮后，$KM_1$ 不释放，则故障可断定是由熔焊引起的；如按下停止按钮后，接触器的动作顺序正确，即 $KM_1$ 能释放，$KM_2$ 能吸合，同时伴有嗡嗡声或转速过低，则可断定是制动时主电路有缺相故障存在；若制动时接触器动作顺序正确，电动机也能进行反接制动，但放开停止按钮后，电动机再次自启动，则可断定故障是由启动按钮绝缘层被击穿引起的。

4）工作台不能做向上进给运动

由于铣床电气线路与机械系统的配合密切，且工作台向上进给运动的控制处于多回路线路之中，因此，不宜采用按部就班地逐步检查的方法。在检查时，可先依次进行快速进给、进给变速冲动，或圆工作台向前进给、向左进给及向后进给的控制，来逐步缩小故障的范围（一般可从中间环节的控制开始），然后再逐个检查故障范围内的元器件、触点、导线及接点，查出故障点。在实际检查时，还必须考虑到由于机械磨损或移位使操纵失灵等因素，若发现此类故障原因，应与机修钳工互相配合进行修理。

下面假设故障点在图3-16中图区20上的行程开关 $SQ_{4-1}$，由于安装螺钉松动而移动位置，造成操纵手柄虽然到位，但触点 $SQ_{4-1}$（18-24）仍不能闭合。在检查时，若进行进给变速

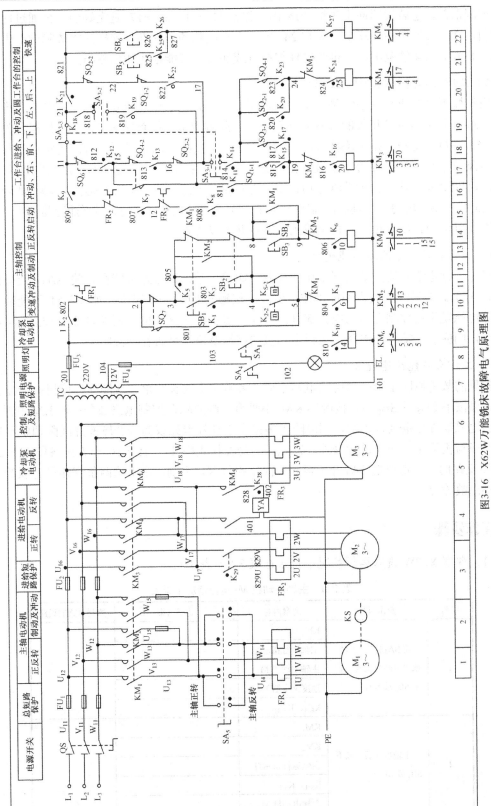

图3-16 X62W万能铣床故障电气原理图

冲动控制正常,也就说明向上进给回路中,线路 11—21—22—17 是完好的,再通过向左进给控制正常,又能排除线路 17-18 和 24-25-0 存在故障的可能性。这样就将故障的范围缩小到 $18—SQ_{4-1}—24$ 的范围内。再经过仔细检查或测量,就能很快找出故障点。

5) 工作台不能做纵向进给运动

应先检查横向或垂直进给是否正常,如果正常,说明进给电动机 $M_2$、主电路、接触器 $KM_3$、$KM_4$ 及纵向进给相关的公共支路都正常,此时应重点检查图区 17 上的行程开关 $SQ_6$(11—15)、$SQ_{4-2}$ 及 $SQ_{3-2}$,即线号为 11—15—16—17 支路,因为只要三对常闭触点中有一对不能闭合,或有一根线头脱落就会使纵向不能进给。然后再检查进给变速冲动是否正常,如果也正常,则故障的范围已缩小到 $SQ_6$(11—15)及 $SQ_{1-1}$、$SQ_{2-1}$ 上,但一般 $SQ_{1-1}$、$SQ_{2-1}$ 两副常开触点同时发生故障的可能性甚小,而 $SQ_6$(11—15)在进给变速时,用力过猛而容易损坏,所以可先检查 $SQ_6$(11—15)触点,直至找到故障点并予以排除。

6) 工作台各个方面都不能进给

可先进行进给变速冲动或圆工作台控制,如果正常,则故障可能在开关 $SA_{3-1}$ 及引接线 17、18 号上。若进给变速也不能工作,要注意接触器 $KM_3$ 是否吸合,如果 $KM_3$ 不能吸合,则故障可能发生在控制电路的电源部分,即 11—15—16—18—20 号线路及 0 号线上,若 $KM_3$ 能吸合,则应着重检查主电路,包括电动机的接线及绕组是否存在故障。

7) 工作台不能快速进给

常见的故障原因是牵引电磁铁电路不通,多数是由线头脱落、线圈损坏或机械卡死引起的。如果按下 $SB_5$ 或 $SB_6$ 后,接触器 $KM_5$ 不吸合,则故障在控制电路部分;若 $KM_5$ 能吸合,且牵引电磁铁 YA 也吸合正常,则故障大多是由于杠杆卡死或离合器摩擦片间隙调整不当引起的,应与机修钳工配合进行修理。需强调的是在检查中 11—15—16—17 支路和 11—21—22—17 支路时,一定要把 $SA_3$ 开关扳到中间空挡位置,否则,由于这两条支路是并联的,将检查不出故障点。

## 工作步骤

(1) 观察 X62W 铣床运行状况,记录在表 3-9~表 3-11 中。

表 3-9 主轴电动机 $M_1$ 运行情况记录表

| 序号 | 操作内容 | 观察内容 | 观察结果 | 控制电路的通路 |
|---|---|---|---|---|
| 1 | 将 $SA_5$ 打在"正转"或"反转"位置,按下 $SB_3$ 或 $SB_4$ | $KM_1$ | | |
| | | 主轴运行指示灯 | | |
| | | 主轴电动机 $M_1$ | | |
| | | 速度继电器 KS | | |
| | | $K_{S-1}$、$K_{S-2}$ | | |
| 2 | 主轴启动后,按下 $SB_1$ 或 $SB_2$ | $KM_1$ | | |
| | | $KM_2$ | | |
| | | 主轴运行指示灯 | | |
| | | $K_{S-1}$、$K_{S-2}$ | | |
| | | 主轴电动机 $M_1$ | | |

| 序号 | 操作内容 | 观察内容 | 观察结果 | 控制电路的通路 |
|---|---|---|---|---|
| 3 | 主轴运转时将 SA$_5$ 打在中间位置 | KM$_1$ | | |
| | | 主轴运行指示灯 | | |
| | | 主轴电动机 M$_1$ | | |
| 4 | 主轴停止时，旋动主轴变速盘，以较快速度将手柄推回原位（SQ$_7$ 闭合后断开） | KM$_1$ | | |
| | | KM$_2$ | | |
| | | 主轴电动机 | | |

表 3-10 冷却泵电动机运行情况记录表

| 序号 | 操作内容 | 观察内容 | 观察结果 | 控制电路的通路 |
|---|---|---|---|---|
| 1 | 旋动 SA$_1$ 至冷却泵开 | KM$_6$ | | |
| | | 冷却泵电动机 M$_3$ | | |
| | | 冷却泵指示灯 | | |
| 2 | 旋动 SA$_1$ 至冷却泵关 | KM$_6$ | | |
| | | 冷却泵电动机 M$_3$ | | |
| | | 冷却泵指示灯 | | |

表 3-11 进给电动机 M$_2$ 的运行情况记录表

| 序号 | 操作内容 | 观察内容 | 观察结果 | 控制电路的通路 |
|---|---|---|---|---|
| 1 | 进给停止时，旋动进给变速盘，以较快速度将手柄推回原位（SQ$_6$ 闭合后断开） | KM$_3$ | 瞬时得电 | |
| | | 进给电动机 M$_2$ | 瞬时抖动 | |
| 2 | 扳动"上下前后进给操作手柄"向前或向下 | SQ$_{4-2}$ | | |
| | | SQ$_{4-1}$ | | |
| | | 进给运行指示灯 | | |
| | | KM$_4$ | | |
| | | 主轴电动机 M$_2$ | | |
| 3 | 扳动"上下前后进给操作手柄"向后或向上 | SQ$_{3-2}$ | | |
| | | SQ$_{3-1}$ | | |
| | | 进给运行指示灯 | | |
| | | KM$_3$ | | |
| | | 进给电动机 M$_2$ | | |
| 4 | 扳动"左右进给操作手柄"向左 | SQ$_{1-2}$ | | |
| | | SQ$_{1-1}$ | | |
| | | KM$_3$ | | |
| | | 进给运行指示灯 | | |
| | | 进给电动机 M$_2$ | | |

续表

| 序号 | 操作内容 | 观察内容 | 观察结果 | 控制电路的通路 |
|---|---|---|---|---|
| 5 | 扳动"左右进给操作手柄"向右 | $SQ_{2-2}$ | | |
| | | $SQ_{2-1}$ | | |
| | | $KM_4$ | | |
| | | 进给运行指示灯 | | |
| | | 进给电动机 $M_2$ | | |
| 6 | 进给操作手柄扳到相应进给方向,按住 $SB_5$ 或 $SB_6$ | $KM_5$ | | |
| | | YA | | |
| | | 工作台 | | |
| 7 | $SA_3$ 扳到圆工作台接通位置,按下 $SB_3$ 或 $SB_4$ | $SA_{3-1}$、$SA_{3-3}$ | | |
| | | $SA_{3-2}$ | | |
| | | $KM_1$ | | |
| | | $KM_3$ | | |
| | | 主轴电动机 $M_1$ | | |
| | | 进给电动机 $M_2$ | | |

(2) 对铣床故障现象进行描述,完成表 3-12。

表 3-12 铣床故障记录表

| 序号 | 故障点 | 故障现象 | 可能原因 | 排除方法 |
|---|---|---|---|---|
| 1 | | | | |
| 2 | | | | |
| 3 | | | | |
| 4 | | | | |
| 5 | | | | |
| 6 | | | | |
| 7 | | | | |
| 8 | | | | |
| 9 | | | | |
| 10 | | | | |

## 知识拓展

### 3.3.3 铣床电气保养

铣床电气保养、大修周期、内容、质量要求及完好标准见表 3-13。

## 项目3 万能铣床电气控制系统的运行与维护

表3-13 铣床电气保养、大修周期、内容、质量要求及完好标准

| 项目 | 内容 |
| --- | --- |
| 检修周期 | 1. 例保：一星期一次<br>2. 一保：一月一次<br>3. 二保：三年一次<br>4. 大修：与机床大修（机械）同时进行 |
| 铣床电气的例保 | 1. 向操作工了解设备运行状况<br>2. 查看电气各方面运行情况，看有没有不安全的因素<br>3. 听听开关及电动机有无异常声响<br>4. 查看电动机和线段有无过热现象 |
| 铣床电气的一保内容 | 1. 检查电气及线路是否有老化及绝缘损伤的地方<br>2. 清扫电器及导线上的油污和灰尘<br>3. 拧紧各线段接触点的螺钉，要求接触良好<br>4. 必要时更换个别损伤的电气元件和线段 |
| 铣床其他电器的一保 | 1. 擦净限位开关内的油污、灰尘及伤痕，要求接触良好<br>2. 拧紧螺钉，检查手柄动作，要求灵敏可靠<br>3. 检查制动装置中的速度继电器、变压器、电阻等是否完好，并清扫，要求主轴电动机制动准确，速度继电器动作灵敏可靠<br>4. 检查按钮、转换开关、冲动开关的工作，应正常，接触良好<br>5. 检查快速电磁铁，要求工作准确<br>6. 检查电器动作保护装置是否灵敏可靠 |
| 铣床电气二保（二保后达到完好标准） | 1. 进行一保的全部项目<br>2. 更换老化和损伤的电器、线段及不能使用的电气元件<br>3. 重新整定热继电器的数据，校验仪表<br>4. 对制动二极管或电阻进行清扫和数据测量<br>5. 测量接地是否良好，测量绝缘电阻<br>6. 试车中要求开关动作灵敏可靠<br>7. 核对图纸，提出对大修的要求 |
| 铣床电气大修内容（大修后达到完好标准） | 1. 进行二保一保的全部项目<br>2. 拆开配电板各元件和管线并进行清扫<br>3. 拆开旧的各电气开关，清扫各电气元件的灰尘和油污<br>4. 更换损伤的电器和不能用的电气元件<br>5. 更换老化和损伤的线段，重新排线<br>6. 除去电器锈迹，并进行防腐处理<br>7. 重新整定热继电器过流等保护装置<br>8. 油漆开关箱，并对所有的附件进行防腐处理<br>9. 核对图纸 |
| 铣床电气完好标准 | 1. 各电器开关线路清洁整齐无损伤，各保护装置信号装置完好<br>2. 各接触点接触良好，床身接地良好，电动机、电器绝缘良好<br>3. 试验中各开关动作灵敏可靠，符合图纸要求<br>4. 开关和电动机声音正常无过热现象，交流电动机三相电流平衡<br>5. 零部件完整无损，符合要求<br>6. 图纸资料齐全 |

**问题与思考 3-3**

1. 分析冷却泵电动机不能启动的故障原因。
2. 分析工作台不能向上或向后进给的故障原因。

### 知识梳理与总结

（1）本项目介绍了 X62W 万能铣床的主要结构和运动形式，介绍了三相异步电动机的制动电路和相关的电气元件、速度继电器、电磁阀等，重点介绍了 X62W 万能铣床的故障排除方法。

（2）在对 X62W 万能铣床的电气控制线路进行分析时，应掌握机床电气线路的一般分析方法；先从主电路分析，掌握各电动机在机床中所起的作用、启动方法、制动方法及各电动机的保护，并应注意各电动机控制的运动形式之间的相互关系，如主电动机和冷却泵电动机的启动顺序；主运动和进给运动之间的顺序；各进给方向之间的联锁关系等。分析控制电路，应分析每一个控制环节对应的电动机的相关控制，同时还应注意机械和电气上的联动关系，注意各控制环节中电器之间的相互联锁，以及电路中的保护环节。

（3）不同的机床有各自的特点，本章介绍铣床的电气控制电路，通过对该知识的掌握，要在以后的学习中、应用中做到举一反三。

# 项目 4 卧式镗床电气控制系统的运行与维护

**教学导航**

<table>
<tr><td rowspan="6">教</td><td>知识重点</td><td>1. 时间继电器的使用<br>2. 三相异步电动机Y/△降压启动控制线路的调试与安装<br>3. 镗床电气原理图的识读<br>4. 镗床电气控制系统故障诊断与维修</td></tr>
<tr><td>知识难点</td><td>镗床电气控制系统故障诊断与维修</td></tr>
<tr><td>推荐教学方法</td><td>六步教学法,案例教学法,头脑风暴法</td></tr>
<tr><td>推荐教学场所</td><td>教、学、做一体化实训室</td></tr>
<tr><td>建议学时</td><td>理论教学 6 学时,"教学做"一体化教学 2 天</td></tr>
<tr><td></td><td></td></tr>
<tr><td rowspan="3">学</td><td>推荐学习方法</td><td>小组讨论法,角色扮演法</td></tr>
<tr><td>必须掌握的技能</td><td>1. 能正确安装镗床电气控制线路<br>2. 能正确使用电工工具和仪表<br>3. 会检修镗床常见故障</td></tr>
<tr><td>必须掌握的理论知识</td><td>1. 低压电器的选择使用<br>2. 机床电气原理图识读方法<br>3. 常见的故障检修方法</td></tr>
</table>

## 任务 4-1　三相异步电动机 Y/△ 降压启动控制线路的安装与调试

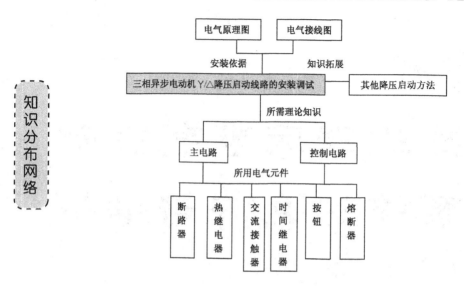

### 任务目标

训练学生三相异步电动机 Y/△ 降压启动控制线路的设计、绘制、安装、调试与故障排查能力，整体控制系统的调试、评价能力，并会选择时间继电器，能进行延时控制和时间联锁的控制。

### 任务描述

在电动机功率较大时，常要求电动机降压启动，以减小启动电流，从而减小对同一电网上其他用电设备的影响，能实现这种控制的线路就是三相异步电动机 Y/△ 降压启动控制线路。其方法是启动时先将电动机的定子绕组接成 Y，进行降压启动，当电动机的转速接近额定转速时，再将定子绕组改接成 △ 连接，使电动机全压运行。由于该方法经济、简单，因此在生产中得到广泛的应用。该工作任务是完成三相异步电动机 Y/△ 降压启动控制线路的设计、安装、调试与故障排除。

### 实践操作

电动机 Y/△ 降压启动控制的电气原理图如图 4-1 所示，按图所示电路连接线路，通电演示 Y/△ 降压启动过程，并用钳形电流表测量 Y 接运行和 △ 接运行时的电流。

### 相关知识

#### 4.1.1　三相异步电动机 Y/△ 降压启动原理

Y/△ 降压启动用于定子绕组在正常运行时接为 △ 的电动机。电动机在正常运行时，绕组接成△；在电动机启动时，定子绕组首先接成Y，使电动机每相绕组承受的电压为电动机额定电压的$1/\sqrt{3}$，启动电流为△启动电流的1/3。至启动即将完成时再换接成△。图4-1是Y/△降压启动的控制电路，图中主电路由三组接触器主触点分别将电动机的定子绕组接成△和Y，即$KM_1$、$KM_3$线圈得电，主触点闭合时，绕组接成Y；$KM_1$、$KM_2$主触点闭合时，接为△。两种接线方式的切换须在极短的时间内完成，在控制电路中采用时间继电器按时间原则定时自动切换。

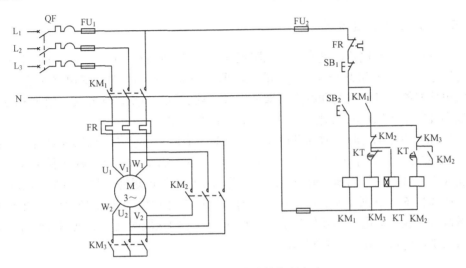

图4-1　Y/△降压启动的控制电路

电路中动断触点$KM_2$和$KM_3$构成互锁，保证电动机绕组只能连接成一种形式，即Y或△，以防止同时连接成Y和△而造成电源短路，使电路能可靠工作。

工作过程：

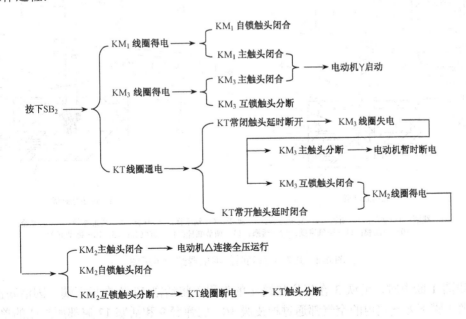

### 4.1.2 时间继电器

继电器感受部分在感受外界信号后，经过一段时间才能使执行部分动作的继电器，叫做时间继电器。时间继电器按构成原理分为电磁式、电动式、空气阻尼式、晶体管式、数字式；按延时方式分为通电延时型和断电延时型。机床控制电路中应用较多的是空气阻尼式时间继电器，晶体管式时间继电器也得到越来越广泛的应用。

#### 1. 空气阻尼式时间继电器

空气阻尼式时间继电器，是利用空气阻尼作用获得延时的，有通电延时和断电延时两种类型，其型号有 JS7-A 和 JS16 系列。如图 4-2 所示是 JS7-A 系列时间继电器的结构示意图，它主要由电磁机构、延时机构和触点三部分组成，触点系统借用微动开关，延时机构是利用空气通过小孔的节流原理的气囊式阻尼器。其工作原理如下：

图 4-2（a）为通电延时型时间继电器，当线圈 1 通电后，铁芯将衔铁 3 吸合（推板 5 使微动开关 16 立即动作），活塞杆 6 在塔形弹簧 8 作用下，带动活塞 12 及橡皮膜 10 向上移动，由于橡皮膜下方气室空气稀薄，形成负压，因此活塞杆 6 不能迅速上移。当空气由进气孔 14 进入时，活塞杆 6 才逐渐上移。移到最上端时，杠杆 7 才使微动开关 15 动作。延时时间即为自由磁铁吸引线圈通电时刻起到微动开关动作时为止的这段时间。通过调节螺杆 13 调节进气孔的大小，就可以调节延时时间。

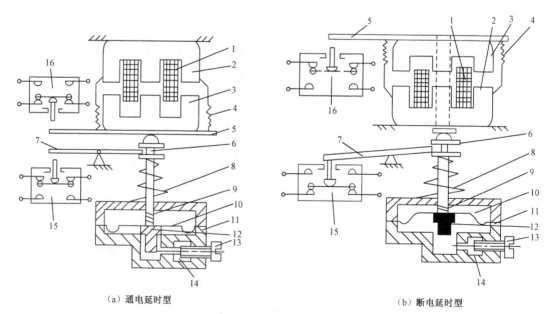

（a）通电延时型　　　　　　　　　　　（b）断电延时型

1—线圈；2—铁芯；3—衔铁；4—复位弹簧；5—推板；6—活塞杆；7—杠杆；8—塔形弹簧；9—弱弹簧；
10—橡皮膜；11—空气室壁；12—活塞；13—调节螺杆；14—进气孔；15、16—微动开关

图 4-2　JS7-A 系列时间继电器结构示意图

当线圈 1 断电时，衔铁 3 在复位弹簧 4 的作用下将活塞 12 推向最下端。因活塞被往下推时，橡皮膜下方气室内的空气都通过橡皮膜 10、弱弹簧 9 和活塞 12 肩部所形成的单向阀，

经上气室缝隙顺利排掉，因此延时与不延时的微动开关 15 与 16 都迅速复位。空气阻尼式时间继电器延时时间有 0.4～180s 和 0.4～60s 两种规格，具有延时范围较宽，结构简单，寿命长，价格低廉，还附有不延时的触点，所以应用较为广泛。其缺点是准确度低，延时误差大（±10%~±20%），因此在延时要求精度高的场合不宜采用。

### 2．晶体管式时间继电器

晶体管式时间继电器具有延时范围广、体积小、精度高、调节方便及寿命长等优点，所以发展很快，应用日益广泛。常用产品有 JSJ、JSB、JS14、JJSB、JS20 等系列。

### 3．电动式时间继电器

电动式时间继电器由同步电动机、减速齿轮机构、电磁离合系统及执行机构组成，电动式时间继电器延时时间长，可达数十小时，延时精度高，但结构复杂，体积较大，常用的有 JS10、JS11 系列和 7PR 系列。

### 4．电子式时间继电器

它是由脉冲发生器、计数器、数字显示器、放大器及执行机构组成的，具有延时时间长、调节方便、精度高的优点，有的还带有数字显示，应用很广，可取代空气式、电动式等时间继电器。

### 5．时间继电器的选择

选择时间继电器主要根据控制电路所需要的延时触点的延时方式、瞬时触点的数目及使用条件来选择。

时间继电器的图形符号如图 4-3 所示，文字符号为 KT。

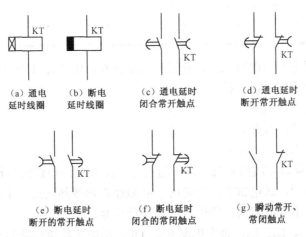

图 4-3　时间继电器的图形符号

## 工作步骤

（1）对照 JS7 型时间继电器实物，进行时间继电器识读，并将结果填入表 4-1 中。

# 机床电气控制系统维护

表 4-1  JS7 时间继电器识别过程

| 序号 | 识别任务 | 识别方法 | 参考值 | 识别值 | 要点提示 |
|---|---|---|---|---|---|
| 1 | 读时间继电器的铭牌 | 读的位置在时间继电器的正面 | 内容有型号、触点容量等 | | 使用时,规格选择必须正确 |
| 2 | 读时间继电器的控制电压 | 在时间继电器线圈上 | AC 220V | | |
| 3 | 找到瞬动常开触点 | 在正面看图形符号 | | | |
| 4 | 找到瞬动常闭触点 | 在正面看图形符号 | | | |
| 5 | 找到延时常开触点 | 在正面看图形符号 | | | |
| 6 | 找到延时常闭触点 | 在正面看图形符号 | | | |
| 7 | 检测判别延时常闭触点的好坏 | 测量延时常闭触点的电阻 | 阻值约为 0Ω | | |
| 8 | 检测判别瞬时常闭触点的好坏 | 测量瞬时常闭触点的电阻 | 阻值约为 0Ω | | |
| 9 | 检测判别延时常开触点的好坏 | 测量延时常开触点的阻值 | 阻值约为 ∞ | | |
| 10 | 检测判别瞬时常开触点的好坏 | 测量瞬时常开的阻值 | 阻值约为 ∞ | | |
| 11 | 测量线圈的阻值 | 测量线圈的阻值 | | | |

(2) 根据图 4-1 列出所需的元件明细填入表 4-2。

表 4-2  电动机 Y/△ 降压启动元件明细表

| 符号 | 名称 | 型号 | 规格 | 数量 |
|---|---|---|---|---|
| | | | | |
| | | | | |
| | | | | |
| | | | | |
| | | | | |
| | | | | |

(3) 按表 4-2 配齐所用电器元件,并进行质量检验。电器元件应完好无损,各项技术指标符合规定要求,否则应予以更换。

(4) 绘制电器元件布置图。

(5) 绘制电器元件接线图。

(6) 安装布线要求同任务 1-1。

(7) 根据图 4-1 检查布线的正确性,并进行主电路和控制电路的自检。

(8) 经检验合格后,通电试车。通电时,必须经指导教师同意,由指导教师接通电源,并在现场进行监护。出现故障后,学生应独立进行检修。

接通三相电源 $L_1$、$L_2$、$L_3$,合上电源开关 QF,用电笔检查熔断器出线端,氖管亮说明电源接通。按下按钮 $SB_2$,电动机按照 Y 接法启动,延时一段时间后,进入 △ 运行。按下 $SB_1$ 电动机停转,观察电器元件动作是否灵活,有无卡阻及噪声过大现象,观察电动机运行是否正常。若有异常,立即停车检查。

(9) 通电试车完毕,停转,切断电源。先拆除三相电源线,再拆除电动机负载线。

## 知识拓展

### 4.1.3 三相异步电动机的其他降压启动方法

**1. 定子串联电阻降压启动控制电路**

如图 4-4 所示为定子串联电阻降压启动控制电路,其工作原理是电动机启动时在三相定子电路中串联电阻,使电动机定子绕组电压降低,启动结束后再将电阻短接,使电动机在额定电压下正常运行。这种启动方式由于不受电动机接线形式的限制,设备简单,因而在中小型生产机械中应用较广,机床中也常用这种串联电阻降压方式限制点动及制动时的电动机电流。

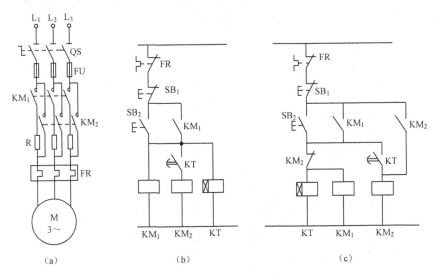

图 4-4 定子串联电阻降压启动控制电路

定子串联电阻降压启动控制电路工作原理如下。

合上电源开关 QS,按启动按钮 $SB_2$,$KM_1$ 得电吸合并自锁,其主触点闭合使电动机串联电阻 R 启动。接触器 $KM_1$ 得电同时,时间继电器 KT 线圈得电吸合,经延时一段时间后,其延时闭合常开触点闭合,使 $KM_2$ 得电动作,将主回路电阻 R 短接,电动机在全压下进入稳定正常运转。

从主回路看,只要 $KM_2$ 得电就能使电动机正常运行,但在如图 4-4(b)所示的控制电路中,电动机启动后 $KM_1$ 和 KT 一直得电动作,这是不必要的,既浪费电能又影响电器使用寿命。如图 4-4(c)所示,控制电路解决了这个问题,接触器 $KM_2$ 得电后,用其常闭触点将 $KM_1$ 和 KT 线圈的回路切断,使之失电,同时 $KM_2$ 自锁,这样,在电动机启动后,只有 $KM_2$ 得电并使电动机正常运行。

由于启动电阻中要通过较大电流,该启动方法中的启动电阻一般采用由电阻丝绕制的板式电阻或铸铁电阻,电阻功率大,但能量损耗也较大,为节省能量,可采用电抗器代替电阻,但其价格较贵,成本较高。

**2. 自耦变压器降压启动控制电路**

在自耦变压器降压启动的控制电路中,电动机启动电流的限制是依靠自耦变压器的降压作用来实现的。电动机启动时,定子绕组得到的电压是自耦变压器的二次电压,一旦启动完毕,自耦变压器便被脱开,额定电压即自耦变压器的一次电压直接加于定子绕组,电动机进入全压正常工作。

如图 4-5 所示为自耦变压器降压启动的控制电路。启动时,合上电源开关,按下启动按钮 $SB_2$,接触器 $KM_1$ 线圈和时间继电器 KT 线圈同时通电,KT 瞬时动作的常开触点闭合自锁,接触器 $KM_1$ 主触点闭合,将电动机定子绕组经自耦变压器接至电源,开始降压启动。时间继电器经过一定延时后,其延时常闭触点打开,使接触器 $KM_1$ 线圈断电,$KM_1$ 主触点断开,从而将自耦变压器从电网上切除。而延时常开触点闭合,使接触器 $KM_2$ 线圈通电,于是电动机直接接到电网上运行,完成了整个启动过程。

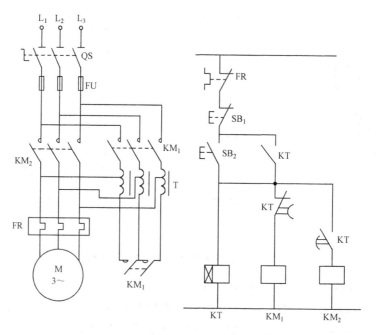

图 4-5 自耦变压器降压启动的控制电路

自耦变压器降压启动方法适用于启动较大容量的电动机,电动机正常工作时的绕组接法可以是Y,也可以是△。启动转矩可以通过改变触点的连接位置得到改变,但它的缺点是自耦变压器价格较贵,而且不允许频繁启动。

## 问题与思考 4-1

1. 空气阻尼式时间继电器按其控制原理可分为哪两种类型?每种类型的时间继电器其触点有哪几类?画出它们的图形符号。

2. 什么叫降压启动?常用的降压启动方法有哪几种?

项目4　卧式镗床电气控制系统的运行与维护

3. 电动机在什么情况下应采用降压启动？定子绕组为Y接法的三相异步电动机能否用Y/△降压启动？为什么？

4. 找出下图所示的Y/△降压启动控制线路中的错误，并画出正确的电路。

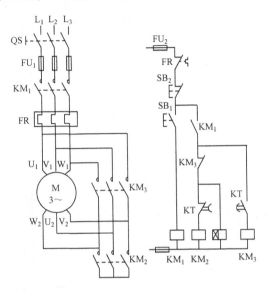

## 任务 4-2　卧式镗床电气控制原理图的识读

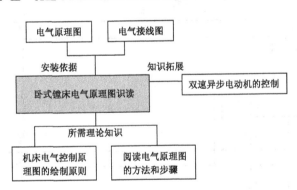

### 任务目标

进一步了解电气制图的规则和方法，能够识读较复杂的电气线路图，能够读懂 T68 镗床的电气原理图，为以后安装调试做准备。

### 任务描述

镗床故障检修首先要看懂电气原理图，知道镗床电气系统的安装和调试过程，本任务以 T68 卧式镗床为例学习镗床电气原理图的读图。

### 实践操作

图 4-6 为 T68 卧式镗床整体电气原理图，与以前学习的电气控制原理图相比较，有哪些

125

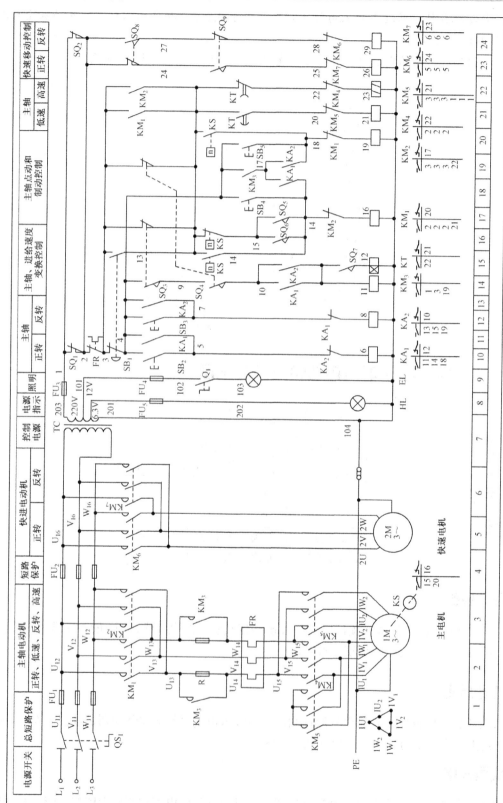

图 4-6 T68卧式镗床电气原理图

## 项目 4　卧式镗床电气控制系统的运行与维护

不同之处？结合镗床实际控制电路，查出其在整个电气原理图中的位置，分清主电路、控制电路及其他照明、信号电路。

### 相关知识

镗床是一种精密加工机床，主要用于加工精确度高的孔，以及各孔间距离要求较为精确的零件，如一些箱体零件、变速箱等，这些都是钻床难以胜任的。由于镗床刚性好，其可动部分在导轨上活动间隙小且可附加支撑，故能满足上述要求。镗床除镗孔外，在万能镗床上还可以钻孔、铰孔、扩孔；用镗轴或平旋盘铣削平面；加上车螺纹附件后，还可以车削螺纹；装上平旋盘刀架可以加工大的孔径/端面和外圆。

T68 卧式镗床的型号含义：

T—镗床；6—卧式；8—镗轴直径 85mm。

#### 4.2.1　卧式镗床的结构与运动形式

**1. 主要结构**

T68 卧式镗床的结构如图 4-7 所示。

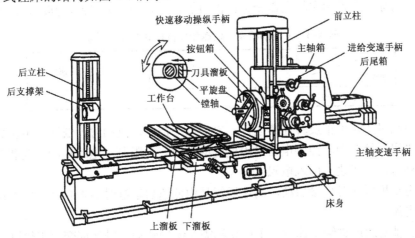

图 4-7　T68 卧式镗床的结构

镗床在加工时，一般把工作固定在工作台上，由镗杆或花盘上固定的刀具进行加工。

前立柱——主轴箱可沿它上的轨道做垂直移动。

主轴箱——装有主轴（其锥形孔装镗杠）变速机构、进给机构和操纵机构。

后立柱——可沿床身横向移动，上面的镗杆支架可与主轴箱同步垂直移动。

工作台——由下溜板、上溜板和回转工作台三层组成，下溜板可在床身轨道上做纵向移动，上溜板可在下溜板轨道上做横向移动，回转工作台可在上溜板上转动。

**2. 运动形式**

（1）主运动——主轴的旋转与花盘的旋转运动。

（2）进给运动——主轴在主轴箱中的轴向（进出）移动，花盘上刀具的径向进给，工作台的横向（左右）和纵向进给（前后），主轴箱的升降（进给运动可以进行手动或机动）。

（3）辅助运动——回转工作台的转动、后立柱的水平纵向移动、镗杆支撑架的垂直移动及各部分的快速移动。

\* 主电动机采用双速电动机（△/YY）用以拖动主运动和进给运动。

\* 主运动和进给运动的速度调速采用变速孔盘机构。

\* 主电动机能正反转，采用电磁阀制动。

\* 主电动机要低速全压启动，高速启动时，需先低速启动，延时后自动转为高速。

\* 各进给部分的快速移动，采用一台快速移动电动机拖动。

### 4.2.2 卧式镗床电气控制线路

**1. 镗床电气控制线路的特点**

（1）因机床主轴调速范围较大，且恒功率，主轴与进给电动机 1M 采用△/YY双速电动机。低速时，$1U_1$、$1V_1$、$1W_1$ 接三相交流电源，$1U_2$、$1V_2$、$1W_2$ 悬空，定子绕组接成三角形，每相绕组中两个线圈串联，形成的磁极对数 $P=2$；高速时，$1U_1$、$1V_1$、$1W_1$ 短接，$1U_2$、$1V_2$、$1W_2$ 端接电源，电动机定子绕组连接成双星形（YY），每相绕组中的两个线圈并联，磁极对数 $P=1$。高、低速的变换由主轴孔盘变速机构内的行程开关 $SQ_7$ 控制，其动作说明见表 4-3。

表 4-3 主电动机高、低速变换行程开关动作说明

| 位置<br>触点 | 主电动机低速 | 主电动机高速 |
| --- | --- | --- |
| $SQ_7$（11-12） | − | + |

（2）主电动机 1M 可正反转连续运行，也可点动控制，点动时为低速。主轴要求快速准确制动，故采用反接制动，控制电器采用速度继电器。为限制主电动机的启动和制动电流，在点动和制动时，定子绕组串入电阻 R。

（3）主电动机低速时直接启动，高速运行是由低速启动延时后再自动转成高速运行的，以减小启动电流。

（4）在主轴变速或进给变速时，主电动机需要缓慢转动，以保证变速齿轮进入良好的啮合状态。主轴和进给变速均可在运行中进行，变速操作时，主电动机便做低速断续冲动，变速完成后又恢复运行。主轴变速时，电动机的缓慢转动是由行程开关 $SQ_3$ 和 $SQ_5$，进给变速时是由行程开关 $SQ_4$ 和 $SQ_6$ 及速度继电器 KS 共同完成的。主轴变速和进给变速时行程开关动作说明见表 4-4。

表 4-4 主轴变速和进给变速时行程开关动作说明

| 位置<br>触点 | 变速孔盘拉出<br>（变速时） | 变速后变速孔<br>盘推回 | 位置<br>触点 | 变速孔盘拉出<br>（变速时） | 变速后变速孔<br>盘推回 |
| --- | --- | --- | --- | --- | --- |
| $SQ_3$（4-9） | − | + | $SQ_4$（9-10） | − | + |
| $SQ_3$（3-13） | + | − | $SQ_4$（3-13） | + | − |
| $SQ_5$（15-14） | + | − | $SQ_6$（15-14） | + | − |

注：表中"+"表示接通，"−"表示断开。

## 项目 4 卧式镗床电气控制系统的运行与维护

**2. 镗床电气控制线路分析**

1）主电动机的启动控制

（1）主电动机的点动控制：主电动机的点动有正向点动和反向点动，分别由按钮 $SB_4$ 和 $SB_5$ 控制。按 $SB_4$ 接触器 $KM_1$ 线圈通电吸合，$KM_1$ 的辅助常开触点（3-13）闭合，使接触器 $KM_4$ 线圈通电吸合，三相电源经 $KM_1$ 的主触点、电阻 R 和 $KM_4$ 的主触点接通主电动机 1M 的定子绕组，接法为三角形，使电动机在低速下正向旋转。松开 $SB_4$ 主电动机断电停止。

反向点动与正向点动控制过程相似，由按钮 $SB_5$、接触器 $KM_2$、$KM_4$ 来实现。

（2）主电动机的正、反转控制：当要求主电动机正向低速旋转时，行程开关 $SQ_7$ 的触点（11-12）处于断开位置，主轴变速和进给变速用行程开关 $SQ_3$（4-9）、$SQ_4$（9-10）均为闭合状态。按 $SB_2$，中间继电器 $KA_1$ 线圈通电吸合，它有三对常开触点，$KA_1$ 常开触点（4-5）闭合自锁；$KA_1$ 常开触点（10-11）闭合，接触器 $KM_3$ 线圈通电吸合，$KM_3$ 主触点闭合，电阻 R 短接；$KA_1$ 常开触点（17-14）闭合和 $KM_3$ 的辅助常开触点（4-17）闭合，使接触器 $KM_1$ 线圈通电吸合，并将 $KM_1$ 线圈自锁。$KM_1$ 的辅助常开触点（3-13）闭合，接通主电动机低速用接触器 $KM_4$ 线圈，使其通电吸合。由于接触器 $KM_1$、$KM_3$、$KM_4$ 的主触点均闭合，故主电动机在全电压、定子绕组△连接下直接启动，低速运行。

当要求主电动机为高速旋转时，行程开关 $SQ_7$ 的触点（11-12）、$SQ_3$（4-9）、$SQ_4$（9-10）均处于闭合状态。按 $SB_2$ 后，一方面，$KA_1$、$KM_3$、$KM_1$、$KM_4$ 的线圈相继通电吸合，使主电动机在低速下直接启动；另一方面，由于 $SQ_7$（11-12）的闭合，使时间继电器 KT（通电延时式）线圈通电吸合，经延时后，KT 的通电延时断开的常闭触点（13-20）断开，$KM_4$ 线圈断电，主电动机的定子绕组脱离三相电源，而 KT 的通电延时闭合的常开触点（13-22）闭合，使接触器 $KM_5$ 线圈通电吸合，$KM_5$ 的主触点闭合，将主电动机的定子绕组接成YY后，重新接到三相电源，故从低速启动转为高速旋转。

主电动机的反向低速或高速的启动旋转过程与正向启动旋转过程相似，但是反向启动旋转所用的电器为按钮 $SB_3$、中间继电器 $KA_2$，接触器 $KM_3$、$KM_2$、$KM_4$、$KM_5$，时间继电器 KT。

2）主电动机的反接制动的控制

当主电动机正转时，速度继电器 KS 正转，常开触点 KS（13-18）闭合，而正转的常闭触点 KS（13-15）断开。主电动机反转时，KS 反转，常开触点 KS（13-14）闭合，为主电动机正转或反转停止时的反接制动做准备。按停止按钮 $SB_1$ 后，主电动机的电源反接，迅速制动，转速降至速度继电器的复位转速时，其常开触点断开，自动切断三相电源，主电动机停转。具体的反接制动过程如下所述。

（1）主电动机正转时的反接制动：设主电动机为低速正转时，电器 $KA_1$、$KM_1$、$KM_3$、$KM_4$ 的线圈通电吸合，KS 的常开触点 KS（13-18）闭合。按 $SB_1$，$SB_1$ 的常闭触点（3-4）先断开，使 $KA_1$、$KM_3$ 线圈断电，$KA_1$ 的常开触点（17-14）断开，又使 $KM_1$ 线圈断电，一方面使 $KM_1$ 的主触点断开，主电动机脱离三相电源，另一方面使 $KM_1$（3-13）分断，使 $KM_4$ 断电；$SB_1$ 的常开触点（3-13）随后闭合，使 $KM_4$ 重新吸合，此时主电动机由于惯性转速还很高，KS（13-18）仍闭合，故使 $KM_2$ 线圈通电吸合并自锁，$KM_2$ 的主触点闭合，使三相电源反接后经电阻 R、$KM_4$ 的主触点接到主电动机定子绕组，进行反接制动。当转速接近零时，

KS 正转常开触点 KS（13-18）断开，$KM_2$ 线圈断电，反接制动完毕。

（2）主电动机反转时的反接制动：反转时的制动过程与正转制动过程相似，但是所用的电器是 $KM_1$、$KM_4$、KS 的反转常开触点 KS（13-14）。

（3）主电动机工作在高速正转及高速反转时的反接制动过程可仿上自行分析。在此仅指明，高速正转时反接制动所用的电器是 $KM_2$、$KM_4$、KS（13-18）触点；高速反转时反接制动所用的电器是 $KM_1$、$KM_4$、KS（13-14）触点。

3）主轴或进给变速时主电动机的缓慢转动控制

主轴或进给变速既可以在停车时进行，又可以在镗床运行中变速。为使变速齿轮更好地啮合，可接通主电动机的缓慢转动控制电路。

当主轴变速时，将变速孔盘拉出，行程开关 $SQ_3$ 常开触点 $SQ_3$（4-9）断开，接触器 $KM_3$ 线圈断电，主电路中接入电阻 R，$KM_3$ 的辅助常开触点（4-17）断开，使 $KM_1$ 线圈断电，主电动机脱离三相电源。所以，该机床可以在运行中变速，主电动机能自动停止。旋转变速孔盘，选好所需的转速后，将孔盘推入。在此过程中，若滑移齿轮的齿和固定齿轮的齿发生顶撞时，则孔盘不能推回原位，行程开关 $SQ_3$、$SQ_5$ 的常闭触点 $SQ_3$（3-13）、$SQ_5$（15-14）闭合，接触器 $KM_1$、$KM_4$ 线圈通电吸合，主电动机经电阻 R 在低速下正向启动，接通瞬时点动电路。主电动机转动转速达某一转时，速度继电器 KS 正转常闭触点 KS（13-15）断开，接触器 $KM_1$ 线圈断电，而 KS 正转常开触点 KS（13-18）闭合，使 $KM_2$ 线圈通电吸合，主电动机反接制动。当转速降到 KS 的复位转速后，则 KS 常闭触点 KS（13-15）又闭合，常开触点 KS（13-18）又断开，重复上述过程。这种间歇的启动、制动，使主电动机缓慢旋转，以利于齿轮的啮合。若孔盘退回原位，则 $SQ_3$、$SQ_5$ 的常闭触点 $SQ_3$（3-13）、$SQ_5$（15-14）断开，切断缓慢转动电路。$SQ_3$ 的常开触点 $SQ_3$（4-9）闭合，使 $KM_3$ 线圈通电吸合，其常开触点（4-17）闭合，又使 $KM_1$ 线圈通电吸合，主电动机在新的转速下重新启动。

进给变速时的缓慢转动控制过程与主轴变速相同，不同的是使用的电器是行程开关 $SQ_4$、$SQ_6$。

4）主轴箱、工作台或主轴的快速移动

T68 卧式镗床各部件的快速移动，由快速手柄操纵快速移动电动机 2M 拖动完成。当快速手柄扳向正向快速位置时，行程开关 $SQ_9$ 被压动，接触器 $KM_6$ 线圈通电吸合，快速移动电动机 2M 正转。同理，当快速手柄扳向反向快速位置时，行程开关 $SQ_8$ 被压动，$KM_7$ 线圈通电吸合，2M 反转。

5）主轴进刀与工作台联锁

为防止镗床或刀具的损坏，主轴箱和工作台的机动进给，在控制电路中必须互联锁，不能同时接通，它由行程开关 $SQ_1$、$SQ_2$ 实现。若同时有两种进给时，$SQ_1$、$SQ_2$ 均被压动，切断控制电路的电源，避免机床或刀具的损坏。

### 工作步骤

分析 T68 卧式镗床电气原理图，并将识读结果填入表 4-5。

项目 4  卧式镗床电气控制系统的运行与维护

表 4-5  T68 卧式镗床电气原理图识读结果

| 序号 | 识读任务 | 参考图区 | 电路组成 | 元件功能 |
|---|---|---|---|---|
| 1 | 读电源电路 |  | $QS_1$ |  |
| 2 |  |  | $FU_1$ |  |
| 3 | 读主电路 |  | $KM_1$ 主触点 |  |
| 4 |  |  | $KM_2$ 主触点 |  |
| 5 |  |  | $KM_3$ 主触点 |  |
| 6 |  |  | $KM_4$ 主触点 |  |
| 7 |  |  | $KM_5$ 主触点 |  |
| 8 |  |  | $KM_6$ 主触点 |  |
| 9 |  |  | $KM_7$ 主触点 |  |
| 10 |  |  | $FU_2$ |  |
| 11 |  |  | 1M |  |
| 12 |  |  | 2M |  |
| 13 | 读控制电路 |  | TC |  |
| 14 |  |  | $SQ_1$、$SQ_2$ |  |
| 15 |  |  | $SB_1$ |  |
| 16 |  |  | $SB_2$ |  |
| 17 |  |  | $SB_3$ |  |
| 18 |  |  | $SQ_3$ |  |
| 19 |  |  | $SQ_4$ |  |
| 20 |  |  | KT 延时断开触点 |  |
| 21 |  |  | KT 延时闭合触点 |  |
| 22 |  |  | $SQ_5$ |  |
| 23 |  |  | $SQ_6$ |  |
| 24 |  |  | $SQ_7$ |  |
| 25 |  |  | $SB_4$ |  |
| 26 |  |  | $SB_5$ |  |
| 27 |  |  | $SQ_8$ |  |
| 28 |  |  | $SQ_9$ |  |
| 29 |  |  | $KM_5$ 线圈 |  |

## 知识拓展

### 4.2.3 双速异步电动机控制

在生产实践中，许多生产机械的电力拖动运行速度需要根据加工工艺要求而人为调节。这种负载不变、人为调节转速的过程称为调速。通过改变传动机构转速比的调速方法称为机械调速，通过改变电动机参数而改变电动机运行转速的调速方法称为电气调速。

三相异步电动机的转速公式

$$n=(1-s)60f/P$$

式中，$n$——电动机转速（r/min）；

$s$——转差率；

$f$——电源频率；

$P$——磁极对数。

由上式可知，三相异步电动机的调速方法有改变电动机定子绕组的磁极对数 $P$；改变电源频率 $f$；改变转差率 $s$ 等。目前被广泛使用的是改变磁极对数和改变转子电阻的调速方法，其中改变磁极对数的调速方法称为有级调速。

**1．三相异步电动机有级调速的原理**

三相异步电动机有级调速的原理是在定子上设置两套互相独立的绕组，通过改变绕组的接线方式获得不同的极对数，从而实现转速的改变。变极调速一般可得到两级、三级速度，最多可获得四级速度，但常见的是两级速度的变极调速，即双速电动机的变速。

如图4-8（a）所示，每相定子绕组由两个线圈连接而成，共有三个抽头。常见的定子绕组接法有两种：一种是由△改为YY，即由如图4-8（b）所示的连接换成如图4-8（d）所示的连接；另一种是由星形改为双星形，即将如图4-8（c）所示的连接换成如图4-8（d）所示的连接。当每相定子绕组的两个线圈串联后接入三相电源时，电流方向及分布如图4-8（b）或图4-8（c）所示，电动机以四极低速运行。当每相定子绕组中两个线圈并联时，由中间抽头（$U_3$、$V_3$、$W_3$）接入三相电源，其他两抽头汇集一点构成双星形连接，电流方向及分布如图4-8（d）所示，电动机以两极高速运行。两种接线方式变换成双星形均使磁极对数减少一半，转速增加一倍。

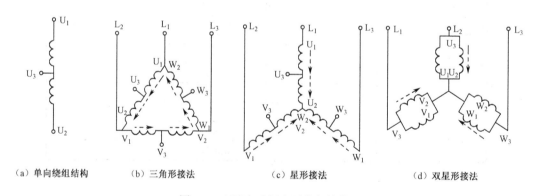

图4-8 双速电动机定子绕组接线

双速电动机调速的优点是可以适应不同负载性质的要求，如需要恒功率调速时可采用△—Y转换接法，需要恒转矩调速时采用Y—△转换接法，且电路简单、维修方便；缺点是只能有级调速且价格较高，通常在使用时与机械变速配合使用，以扩大其调速范围。使用时注意，变极调速有"反转向方案"和"同转向方案"两种方法。若变极后电源相序不变，则电动机以反转高速运行；若要保持电动机变极后转向不变，则必须在变极同时改变电源相序。

## 2. 接触器控制的双速电动机控制电路

双速电动机的控制电路有许多种，用双速手动开关进行控制时，其电路较简单，但不能带负荷启动，通常是用交流接触器来改变定子绕组接线的方法来改变其转速。

如图4-9（b）所示为接触器控制的双速电动机控制电路。当按下按钮$SB_2$时，接触器线圈$KM_1$得电并自锁，主触点闭合，使电动机定子绕组构成△连接，低速运行；当按下按钮$SB_3$时，其首先切断$KM_1$线圈回路，电动机脱离三相电源，接着接触器线圈$KM_2$、$KM_3$得电并自锁，$KM_2$和$KM_3$的主触点闭合使电动机定子绕组构成YY连接，电动机改为高速运行。

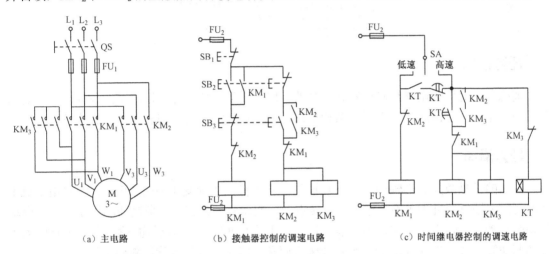

（a）主电路　　　（b）接触器控制的调速电路　　　（c）时间继电器控制的调速电路

图4-9　双速电动机变速控制电路

复合按钮$SB_2$、$SB_3$的采用及$KM_1$、$KM_2$常闭触点的互锁是防止电源短路，该电路适用于小容量电动机的控制。

## 3. 时间继电器控制的双速电动机控制电路

如图4-9（a）和图4-9（c）所示为时间继电器控制的双速电动机自动控制电路，图中SA为选择开关，选择电动机低速运行或高速运行。当SA置于"低速"位置时，接通$KM_1$线圈电路，电动机直接启动低速运行。当SA置于"高速"位置时，时间继电器的瞬时触点闭合，同样先接通$KM_1$线圈电路，电动机绕组△接法低速启动，当时间继电器延时时间到时，其延时断开的常闭触点KT断开，切断$KM_1$线圈回路，同时其延时接通的常开触点KT闭合，接通接触器$KM_2$、$KM_3$线圈并使其自锁，电动机定子绕组换接成YY接法，改为高速运行，此时$KM_3$的常闭触点断开使时间继电器线圈失电停止工作。所以，该控制电路具有使电动机转速自动由低速切换至高速的功能，以降低启动电流，适用于较大功率的电动机。

### 问题与思考 4-2

1. T68镗床与X62W铣床的变速冲动有什么不同？T68镗床在进给时能否变速？
2. 双速电动机高速运行时通常需低速启动而后转入高速运行，这是为什么？

机床电气控制系统维护

## 任务 4-3　卧式镗床电气控制系统故障分析与检修

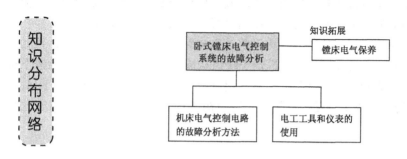

### 任务目标

训练学生对机床电气维修仪器和工具的使用，使学生会进行互锁电路的设计，并能调试与维护镗床，会对镗床故障进行诊断和维修，会确定故障点的常用测量法（置换法）。

### 任务描述

镗床的常见故障有主轴的转速与转速指示牌不符；主轴变速手柄拉出后，主轴电动机不能冲动；主轴电动机 1M 不能进行正反转点动、制动及主轴和进给变速冲动控制，主轴电动机正转点动、反转点动正常，但不能正反转；主轴电动机正转、反转均不能自锁；主轴电动机不能制动等。该工作任务以 T68 卧式镗床为例学习镗床的各种故障诊断和维修。

### 实践操作

通电演示镗床正常工作情况，设置故障点主轴电动机不能工作，试排除故障。

### 相关知识

#### 4.3.1　镗床常见故障及检修方法

镗床的常见故障很多，现仅选择部分故障现象进行说明。T68 镗床故障电气原理图如图 4-10 所示。

1）主轴的转速与转速指示牌不符

这种故障一般有两个现象：一个是主轴的实际转速比标牌指示数增加或减少一倍；另一个是电动机的转速没有高速挡或者没有低速挡。这两种故障现象，前者大多由于安装调整不当引起，因为 T68 镗床有 18 种转速，是采用双速电动机和机械滑移齿轮来实现的。变速后，1、2、4、8…挡是电动机以低速运转驱动，而 3、5、7、9…挡是电动机以高速运转驱动。主轴电动机的高低速转换是靠微动开关 $SQ_7$ 的通断来实现的，微动开关 $SQ_7$ 安装在主轴调速手柄的旁边，主轴调速机构转动时推动一个撞钉，撞钉推动簧片使微动开关 $SQ_7$ 通或断，如果安装调整不当，使 $SQ_7$ 动作恰恰相反，则会发生主轴的实际转速比标牌指示数增加或减少一倍。

# 项目4 卧式镗床电气控制系统的运行与维护

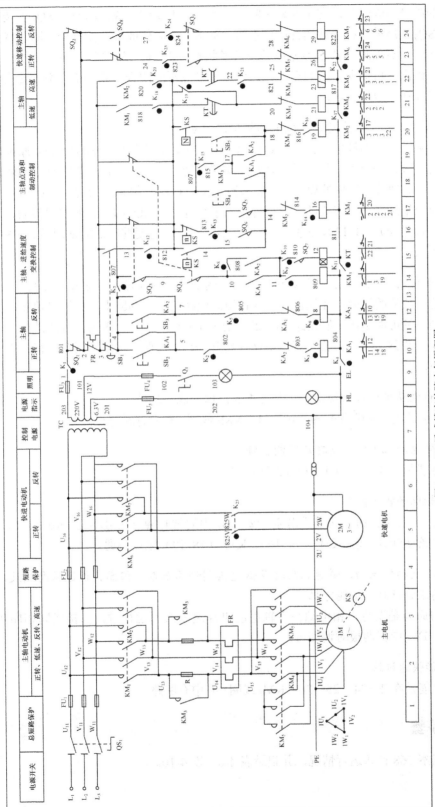

图 4-10 T68卧式镗床故障电气原理图

### 机床电气控制系统维护

后者的故障原因较多，常见的是时间继电器 KT 不动作，或微动开关 $SQ_7$ 安装的位置移动，造成 $SQ_7$ 始终处于接通或断开的状态等。如 KT 不动作或 $SQ_7$ 始终处于断开状态，则主轴电动机 1M 只有低速；若 $SQ_7$ 始终处于接通状态，则 1M 只有高速。但要注意，如果 KT 虽然吸合，但由于机械卡住或触点损坏，使常开触点不能闭合，则 1M 也不能转换到高速挡运转，而只能在低速挡运转。

2) 主轴变速手柄拉出后，主轴电动机不能冲动

这一故障一般有两种现象：一种是变速手柄拉出后，主轴电动机 1M 仍以原来转向和转速旋转；另一种是变速手柄拉出后，1M 能反接制动，但制动到转速为零时，不能进行低速冲动。产生这两种故障现象的原因，前者多数是由于行程开关 $SQ_3$ 的常开触点 $SQ_3$（4-9）由于质量等原因绝缘被击穿造成的；而后者则由于行程开关 $SQ_3$ 和 $SQ_5$ 的位置移动、触点接触不良等，使触点 $SQ_3$（3-13）、$SQ_5$（14-15）不能闭合或速度继电器的常闭触点 KS（13-15）不能闭合所致。

3) 主轴电动机 1M 不能进行正反转点动、制动及主轴和进给变速冲动控制

产生这种故障的原因，往往在上述各种控制电路的公共回路上。如果伴随着不能进行低速运行，则故障可能是在控制线路 13—20—21—0 中有断开点，否则，可能是在主电路的制动电阻器 R 及引线上有断开点，若主电路仅断开一相电源时，电动机还会伴有缺相运行时发出的嗡嗡声。

4) 主轴电动机正转点动、反转点动正常，但不能正反转

故障可能是在控制线路 4—9—10—11—$KM_3$ 线圈—0 中有断开点。

5) 主轴电动机正转、反转均不能自锁

故障可能是在 4-$KM_3$（4-17）常开-17 中。

6) 主轴电动机不能制动

可能原因有：① 速度继电器损坏；② $SB_1$ 中的常开触点接触不良；③ 3、13、14、16 号线中有脱落或断开；④ $KM_2$（14-16）、$KM_1$（18-19）触点不通。

7) 主轴电动机点动、低速正反转及低速接制动均正常，但高、低速转向相反，且当主轴电动机高速运行时，不能停机

可能的原因是误将三相电源在主轴电动机高速和低速运行时，都接成同相序所致，把 $1U_2$、$1V_2$、$1W_2$ 中任两根对调即可。

8) 不能快速进给

故障可能是在 2—24—25—26—$KM_6$ 线圈—0 中有断路。

### 工作步骤

(1) 观察 T68 镗床运行情况，并记录表 4-6～表 4-10。

表 4-6 主轴电动机 $M_1$ 的点动情况记录表

| 序号 | 操作内容 | 观察内容 | 观察结果 | 控制回路通路 |
|---|---|---|---|---|
| 1 | 按下正转点动按钮 $SB_4$ 后松开 | 主轴电动机 $M_1$ | | |
| | | 主轴指示灯 | | |
| | | $KM_1$ | | |
| | | $KM_4$ | | |
| 2 | 按下反转点动按钮 $SB_5$ 后松开 | 主轴电动机 $M_1$ | | |
| | | 主轴指示灯 | | |
| | | $KM_2$ | | |
| | | $KM_4$ | | |

表 4-7 主轴电动机 $M_1$ 的运行情况记录表

| 序号 | 操作内容 | 观察内容 | 观察结果 | 过程描述 |
|---|---|---|---|---|
| 1 | $SQ_7$ 打至"低速"挡，按下正转按钮 $SB_2$ | 主轴电动机 $M_1$ | | |
| | | 主轴指示灯 | | |
| | | $KA_1$ | | |
| | | $KM_1$ | | |
| | | $KM_3$ | | |
| | | $KM_4$ | | |
| | | KS 正转常开（13-18） | | |
| | | KS 常闭（13-15） | | |
| 2 | 正转运行后，再按下停止按钮 $SB_1$ | $SB_1$ | $SB_1$ 常闭（3-4）先断开，常开（3-13）后闭合 | |
| | | $KA_1$ | | |
| | | $KM_3$ | | |
| | | $KM_1$ | | |
| | | $KM_4$ | | |
| | | KS 常开（13-18） | | |
| | | $KM_2$ | | |
| | | 主轴指示灯 | | |
| | | 主轴电动机 $M_1$ | | |
| 3 | $SQ_7$ 打至"低速"挡，按下反转按钮 $SB_3$ | 主轴电动机 $M_1$ | | |
| | | 主轴指示灯 | | |
| | | $KA_2$ | | |
| | | $KM_3$ | | |
| | | $KM_2$ | | |
| | | $KM_4$ | | |
| | | KS 反转常开（13-14） | | |
| 4 | 反转运行后，再按下停止按钮 $SB_1$ | $SB_1$ | | |
| | | $KA_2$ | | |
| | | $KM_3$ | | |

续表

| 序号 | 操作内容 | 观察内容 | 观察结果 | 过程描述 |
|---|---|---|---|---|
| 4 | 反转运行后，再按下停止按钮 $SB_1$ | $KM_2$ | | |
| | | $KM_4$ | | |
| | | $KM_1$ | | |
| | | KS 反转常开（13-14） | | |
| | | 主轴电动机 $M_1$ | | |
| | | 主轴指示灯 | | |
| 5 | $SQ_7$ 打至"高速"挡，按下正转按钮 $SB_2$ | 主轴电动机 $M_1$ | | |
| | | 主轴指示灯 | | |
| | | $KA_1$ | | |
| | | $KM_1$ | | |
| | | $KM_3$ | | |
| | | $KM_4$ | | |
| | | KT | | |
| | | KS 正转常开（13-18） | | |
| 6 | 延时后 | $KM_4$ | | |
| | | $KM_5$ | | |
| | | 主轴电动机 $M_1$ | | |
| | | 主轴指示灯 | | |
| 7 | 按下停止按钮 $SB_1$ | $SB_1$ | | |
| | | $KA_1$ | | |
| | | $KM_3$ | | |
| | | $KM_1$ | | |
| | | KT | | |
| | | $KM_5$ | | |
| | | KS 正转常开（13-18） | | |
| | | $KM_2$ | | |
| | | 主轴电动机 $M_1$ | | |
| | | 主轴指示灯 | | |
| 8 | $SQ_7$ 打至"高速"挡，按下反转按钮 $SB_3$ | 主轴电动机 $M_1$ | | |
| | | 主轴指示灯 | | |
| | | $KA_2$ | | |
| | | KT | | |
| | | $KM_3$ | | |
| | | $KM_2$ | | |
| | | $KM_4$ | | |
| | | KS 反转常开（13-14） | | |
| 9 | 延时后 | $KM_4$ | | |
| | | $KM_5$ | | |
| | | 主轴电动机 $M_1$ | | |
| | | 主轴指示灯 | | |

续表

| 序号 | 操作内容 | 观察内容 | 观察结果 | 过程描述 |
|---|---|---|---|---|
| 10 | 按下停止按钮 $SB_1$ | $SB_1$ | | |
| | | $KA_2$ | | |
| | | $KM_3$ | | |
| | | $KT$ | | |
| | | $KM_5$ | | |
| | | $KM_2$ | | |
| | | $KS$ 反转常开（13-14） | | |
| | | $KM_1$ | | |
| | | 主轴指示灯 | | |
| | | 主轴电动机 $M_1$ | | |

表 4-8 主轴电动机 $M_1$ 的变速冲动运行情况记录表

| 序号 | 操作内容 | 观察内容 | 观察结果 | 过程描述 |
|---|---|---|---|---|
| 1 | 在运转过程中将变速手柄拉出后 | 主轴电动机 $M_1$ | | |
| | | 主轴指示灯 | | |
| | | $SQ_3$ | | |
| | | $KM_1$ | | |
| | | $KM_3$ | | |
| 2 | 将变速手柄推进 | 主轴电动机 $M_1$ | | |
| | | 主轴指示灯 | | |
| | | $SQ_3$ | | |
| | | $KM_1$ | | |
| | | $KM_3$ | | |

表 4-9 进给电动机 $M_1$ 的变速冲动运行情况记录表

| 序号 | 操作内容 | 观察内容 | 观察结果 | 过程描述 |
|---|---|---|---|---|
| 1 | 在运转过程中将变速手柄拉出后 | 进给电动机 $M_1$ | | |
| | | 进给指示灯 | | |
| | | $SQ_4$ | | |
| | | $KM_1$ | | |
| | | $KM_3$ | | |
| 2 | 将变速手柄推进 | 进给电动机 $M_1$ | | |
| | | 进给指示灯 | | |
| | | $SQ_4$ | | |
| | | $KM_1$ | | |
| | | $KM_3$ | | |

机床电气控制系统维护

表 4-10 快速进给电动机 $M_2$ 运行情况记录表

| 序号 | 操作内容 | 观察内容 | 观察结果 | 控制回路通路 |
|---|---|---|---|---|
| 1 | 压合行程开关 $SQ_9$ | 进给电动机 $M_2$ | | |
| | | 快进指示灯 | | |
| | | $KM_6$ | | |
| 2 | 压合行程开关 $SQ_8$ | 进给电动机 $M_2$ | | |
| | | 快进指示灯 | | |
| | | $KM_7$ | | |
| 3 | 若正在快速进给又要镗头进给，压合行程开关 $SQ_1$、$SQ_2$ | 电气控制箱内部电气元件 | | |

（2）对镗床故障现象进行描述，完成记录表 4-11。

表 4-11 镗床故障记录表

| 序号 | 故障点 | 故障现象 | 可能原因 | 排除方法 |
|---|---|---|---|---|
| 1 | | | | |
| 2 | | | | |
| 3 | | | | |
| 4 | | | | |
| 5 | | | | |
| 6 | | | | |
| 7 | | | | |
| 8 | | | | |
| 9 | | | | |
| 10 | | | | |

## 知识拓展

### 4.3.2 镗床的电气保养

镗床的电气保养、大修周期、内容、质量要求及完好标准见表 4-12。

表 4-12 镗床电气保养、大修周期、内容、质量要求及完好标准

| 项目 | 内容 |
|---|---|
| 检修周期 | 1. 例保：一星期一次<br>2. 一保：一月一次<br>3. 二保：三年一次<br>4. 大修：与机床大修（机械）同时进行 |

# 项目4 卧式镗床电气控制系统的运行与维护

续表

| 项目 | 内容 |
|---|---|
| 镗床电气的例保内容 | 1. 查看电气设备各部分，并向操作者了解设备运行状况<br>2. 检查开关箱内及电动机是否有水或油污进入<br>3. 检查导线及管线有无破裂现象<br>4. 检查线路和开关的触点及线圈有无烧焦的地方<br>5. 听听电动机和开关有无异常响声，并检查各部有无过热现象 |
| 镗床电气的一保内容 | 1. 检查电线管线是否有老化现象及机械损伤<br>2. 清扫吹尽安装在机床上及配电箱内的电线和电器上的油污和灰尘<br>3. 检查信号设备是否完整，电气设备及线段是否有过热现象<br>4. 检查电气元件是否完好，灭弧罩是否完整<br>5. 烧伤的触点，必要时更换<br>6. 检查热继电器，过流继电器是否灵敏可靠<br>7. 检查电磁铁芯及触点在吸合和释放时是否存在障碍<br>8. 拧紧电器和电线连接处及触点连接处的螺丝，要求接触良好<br>9. 检查地线是否接触良好<br>10. 必要时更换老化或损伤的电气元件和线段<br>11. 检查开关箱的外壳、门锁和开门的联锁机构是否完好，门的密封性是否完好 |
| 镗床电气二保（二保后达到完好标准） | 1. 进行一保的全部项目<br>2. 重新整定热继电器、过流继电器的数据<br>3. 消除和更换损伤的元器件、电线管、金属软管及塑料管等<br>4. 测量电动机电气及线路的绝缘电阻是否良好<br>5. 核对图纸，提出对大修的要求 |
| 镗床电气大修内容（大修后达到完好标准） | 1. 进行二保一保的全部项目<br>2. 拆卸电气开关板，解体旧的各电气开关，清扫各电气元件（包括熔断器，闸刀开关，接线端子等）的灰尘和油污，除去锈迹，并进行防腐工作<br>3. 更换损坏的元件和破损的电线段<br>4. 重新整定热保护、过流保护的数据，并校验各仪表<br>5. 重新排线，组装电器，要求各电气开关动作灵敏可靠<br>6. 油漆开关箱及附件<br>7. 核对图纸，要求图纸编号符合要求 |
| 镗床电气完好标准 | 1. 各电气开关线路清洁整齐并有编号，无损伤，接触点接触良好<br>2. 电器线路及电动机绝缘电阻符合要求，电器外壳接地良好<br>3. 各电器及保护装置动作灵敏可靠，信号装置完好<br>4. 具有电子及可控硅线路的各信号电压波形符合要求<br>5. 具有直流电动机的设备调速范围符合要求，碳刷火花正常<br>6. 试车中电动机和电器无异常声响，发热正常，交流电动机三相电流平衡<br>7. 各零部件应完整无损<br>8. 图纸资料齐全 |

## 问题与思考4-3

1. T68镗床能低速启动，但不能高速运行，请分析故障原因。
2. 进给电动机$M_2$快速移动正常，主轴电动机$M_1$不工作，试分析故障原因。

机床电气控制系统维护

## 知识梳理与总结

（1）本项目介绍了T68卧式镗床的主要结构和运动形式，介绍了三相异步电动机的降压启动电路，重点介绍了T68卧式镗床的故障排除方法。

（2）任何复杂的电气控制线路，都是由大量的基本单元电路组合而成的，因此熟练掌握基本的单元控制电路对分析控制系统来说是十分必要的。同时各种电气设备，根据其特殊控制要求，控制线路有各自的特点，通过大量的读图分析，掌握基本单元电路的组合方式和特殊控制要求的实施方法，也是十分重要的。

# 项目 5　PLC 控制系统的安装与调试

## 教学导航

|   |   |   |
|---|---|---|
| 教 | 知识重点 | 1. 三相异步电动机典型 PLC 控制线路的安装与调试<br>2. 常用 PLC 控制系统的调试（十字交通灯、机械手、装配流水线、自动送料车）<br>3. 编程软件 STEP 7-Micro/WIN 的使用和程序编制 |
|   | 知识难点 | PLC 接线图和程序编制 |
|   | 推荐教学方法 | 六步教学法，案例教学法，头脑风暴法 |
|   | 推荐教学场所 | 教、学、做一体化实训室 |
|   | 建议学时 | 理论教学 34~36 学时，"教学做"一体化教学 12 天 |
| 学 | 推荐学习方法 | 小组讨论法，角色扮演法 |
|   | 必须掌握的技能 | 1. 会根据控制要求选择 PLC 型号<br>2. 会画 PLC 接线图<br>3. 会进行简单 PLC 控制系统的设计 |
|   | 必须掌握的理论知识 | 1. PLC 结构，内部资源，接线图<br>2. PLC 编程原则<br>3. PLC 基本指令 |

## 任务 5-1　三相异步电动机单向运行 PLC 控制线路的安装与调试

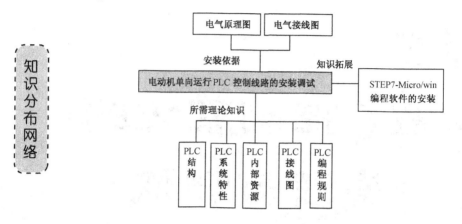

### 任务目标

选择使用 PLC，会用 PLC 的基本指令进行 PLC 编程，会接三相异步电动机单向运行 PLC 控制线路，并能调试与维护。

### 任务描述

机床电气设备在正常工作时，一般要求三相异步电动机处于连续运行状态，能实现电动机的启动和停止控制，能实现这种控制的线路就是三相异步电动机单向运行控制线路，传统的继电接触器控制具有结构简单、价格便宜等优点，但是这些装置体积大，接线复杂，通用性和灵活性差。PLC 控制是一种新型的控制方式，可以克服继电接触器控制的缺点，该工作任务是完成三相异步电动机的单向运行 PLC 控制线路的设计、安装、调试与故障排除。

### 实践操作

观察西门子 PLC 的外形、端口、型号等。教师按安装图 5-1 进行接线，使用编程软件输入下段程序，观察电动机动作现象。

（1）三相异步电动机的单向运行 PLC 控制线路的主电路和控制电路，如图 5-1 所示。

（2）电动机连续运行 PLC 程序符号表见表 5-1。

表 5-1　电动机连续运行 PLC 程序符号

|   | 符号 | 地址 | 注释 |
| --- | --- | --- | --- |
| 1 | $SB_1$ | I0.0 | 启动 |
| 2 | $SB_2$ | I0.1 | 停止 |
| 3 | FR | I0.2 | 热继电器 |
| 4 | KM | Q0.0 | 输出线圈 |

项目5 PLC控制系统的安装与调试

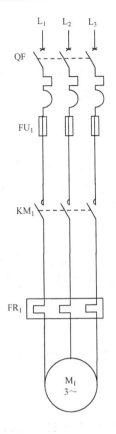
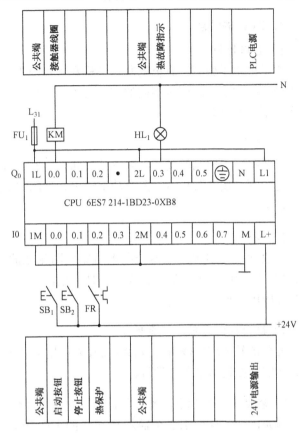

(a) 三相异步电动机PLC控制单向运行主电路　　　　(b) PLC控制电路接线图

图 5-1　电动机单向运行 PLC 控制原理图

（3）梯形图如下图所示。

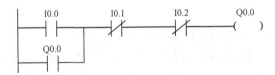

## 相关知识

### 5.1.1 可编程控制器基本知识

可编程序逻辑控制器简称为 PLC（Programmable Logical Controller），也常称为可编程序控制器即 PC（Programmable Controller），它是微型计算机技术与继电接触器常规控制概念相结合的产物，即采用了微型计算机的基本结构和工作原理，融合了继电接触器控制的概念构成的一种新型电控器，它专为在工业环境下应用而设计，它采用可编程序的存储器，用来存储执行逻辑运算、顺序控制、定时、计数和算术运算等操作的指令，并通过数字式、模拟式的输入/输出（I/O），控制各种类型的机械或生产过程。

### 1. PLC 的特点

1）通用性强

由于采用了微型计算机的基本结构和工作原理，而且接口电路考虑了工业控制的要求，输出接口能力强，因而对不同的控制对象，可以采用相同的硬件，只需编制不同的软件，就可实现不同的控制。

2）接线简单

只要将用于控制的接线、限位开关和光电开关等接入控制器的输入端，将被控制的电磁铁、电磁阀、接触器和继电器等功率输出元件的线圈接至控制器的输出端，就完成了全部的接线任务。

3）编程容易

一般使用与继电接触器控制电路原理图相似的梯形图或用面向工业控制的简单指令形式编程，因而编程语言形象直观，容易掌握，具有一定的电工和工艺知识的人员可在短时间学会并应用自如。

4）抗干扰能力强，可靠性高

PLC 的输入/输出采取了隔离措施，并应用大规模集成电路，故它能适应各种恶劣的环境，能直接安装在机器设备上运行。

5）容量大，体积小，重量轻，功耗少，成本低，维修方便

例如，一台具有 128 个输入/输出点的小型 PLC，其尺寸为（216×127×110）$mm^3$，重约 2.3kg，空载功耗为 1.2W，它可以完成相当于 400～800 个继电器组成的系统的控制功能，而其成本仅相当于相同功能继电器系统的（10～20）%；PLC 一般采用模块结构，又具有自诊断功能，判断故障迅速方便，维修时只需更换插入式模块，因而维修十分方便。

### 2. PLC 的分类

（1）按结构形式分类，可分为整体式和机架模块式两类。

① 整体式 PLC。将电源、CPU、存储器及 I/O 等各个功能集成在一个机壳内。其特点是结构紧凑，体积小，价格低。小型 PLC 多采用这种结构，如三菱 FX 系列的 PLC，西门子 S7-200 等，如图 5-2 所示。整体式 PLC 一般配有许多专用的特殊功能模块，如模拟量 I/O 模块、通信模块等。

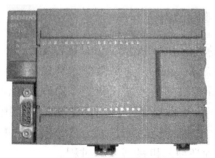

图 5-2 整体式 PLC

② 机架模块式 PLC。将电源模块、CPU 模块、I/O 模块作为单独的模块安装在同一底板或框架上的 PLC 是模块式 PLC。其特点是配置灵活，装配维护方便。大、中型 PLC 多采用这种结构，如西门子 S7-300 系列的 PLC，如图 5-3 所示。

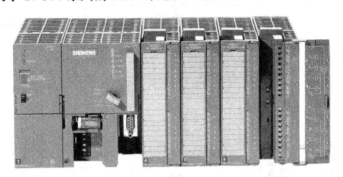

图 5-3　模块式 PLC

（2）按 I/O 点数和存储容量分类，可分为小型、中型和大型三类。

① 小型 PLC。I/O 点数在 256 点以下，存储器容量为 2KB。

② 中型 PLC。I/O 点数在 256～2048 点之间，存储器容量为 2～8KB。

③ 大型 PLC。I/O 点数在 2048 点以上，存储器容量为 8KB 以上。

### 3．PLC 的应用领域

随着微电子技术的快速发展，PLC 的制造成本不断下降，而功能却不断增强。目前在先进工业国家 PLC 已成为工业控制中的标准设备，应用的领域已覆盖整个工业企业。概括起来主要应用在逻辑控制、过程控制、运动控制、通信联网、数据处理等方面。

### 4．PLC 的主要生产厂家

当今世界上 PLC 生产厂家按地域可分为三大流派，即美国、欧洲和日本。

美国和欧洲以大中型 PLC 而闻名，但产品的差异性很大，这是由于它们是在相互隔离的情况下独立开发出来的；日本以小型 PLC 著称，它的技术是从美国引进的，因此对美国的产品有一定的继承性。

美国是 PLC 生产大国，有 100 多家 PLC 厂商，著名的有 A-B 公司、通用电气（GE）公司、莫迪康（MODICON）公司、德州仪器（TI）公司、西屋电气公司等。

欧洲著名的 PLC 生产厂商有德国的西门子（SIEMENS）公司、AEG 公司，法国的 TE 公司等。

日本有许多 PLC 制造商，如三菱、欧姆龙、松下、富士、日立、东芝等。

我国的 PLC 生产厂家规模一般不大，主要有无锡华光电子工业有限公司、上海香岛机电制造有限公司、杭州机床电器厂、天津中环自动化仪表公司等。

### 5．PLC 的基本结构

PLC 生产厂家很多，产品的结构也各不相同，但其基本构成是一样的，都采用计算机结构，如图 5-4 所示，都以微处理器为核心，通过硬件和软件的共同作用来实现其功能。PLC 主要由六部分组成，包括 CPU（中央处理器）、存储器、输入/输出（I/O）接口电路、电源、外设接口、输入/输出（I/O）扩展接口。

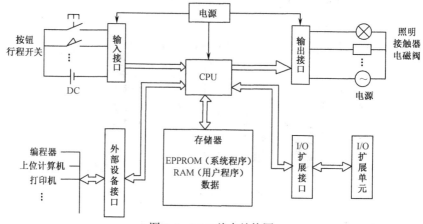

图 5-4　PLC 基本结构图

1）CPU

CPU 是中央处理器（Central Processing Unit）的英文缩写。它是 PLC 的核心和控制指挥中心，主要由控制器、运算器和寄存器组成，并集成在一块芯片上。CPU 通过地址总线、数据总线和控制总线与存储器、输入/输出接口电路相连接，完成信息传递、转换等。

CPU 的主要功能有接收输入信号并存入存储器，读出指令，执行指令并将结果输出，处理中断请求，准备下一条指令等。

2）存储器

存储器主要用来存放系统程序、用户程序和数据。根据存储器在系统中的作用可将其分为系统程序存储器和用户程序存储器。

系统程序是对整个 PLC 系统进行调度、管理、监视及服务的程序，它控制和完成 PLC 各种功能。这些程序由 PLC 制造厂家设计提供，固化在 ROM 中，用户不能直接存取、修改。系统程序存储器容量的大小决定系统程序的大小和复杂程度，也决定 PLC 的功能。

用户程序是用户在各自的控制系统中开发的程序，大都存放在 RAM 存储器中，因此使用者可对用户程序进行修改。为保证掉电时不会丢失存储信息，一般用锂电池作为备用电源。用户程序存储器容量的大小决定了用户控制系统的控制规模和复杂程度。

3）输入接口电路

PLC 内部输入接口电路主要包括光电隔离器和输入控制电路。光电隔离器有效地隔离了外输入电路与 PLC 之间的电的联系，具有较强的抗干扰能力。各种有触点和无触点的开关输入信号经光电隔离器转换成控制器（由 CPU 等组成）能够接收的电平信号，输入到输入映像区（输入状态寄存器）中。

4）输出接口电路

输出接口电路按照 PLC 的类型不同一般分为继电器输出型、晶体管输出型和晶闸管输出型 3 类，以满足各种用户的需要。其中继电器输出型为有触点的输出方式，可用于直流或低频交流负载；晶体管输出型和晶闸管输出型都是无触点输出方式，前者适用于高速、小功率直流负载，后者适用于高速、大功率交流负载。

5）电源

PLC 一般采用 AC 220V 电源，经整流、滤波、稳压后可变换成供 PLC 的 CPU、存储器等电路工作所需的直流电压，有的 PLC 也采用 DC 24V 电源供电。为保证 PLC 工作可靠，大都采用开关型稳压电源。有的 PLC 还向外部提供 24V 直流电源。

6）外部设备接口

外部设备接口是在主机外壳上与外部设备配接的插座，通过电缆线可配接编程器、计算机、打印机、EPROM 写入器、触摸屏等。

编程器有简易编程器和智能图形编程器两种，用于编程、对系统做一些设定及监控 PLC 和 PLC 所控制系统的工作状况等。编程器是 PLC 开发应用、监测运行、检查维护不可缺少的器件，但它不直接参与现场控制运行。

7）I/O 扩展接口

I/O 扩展接口是用来扩展输入、输出点数的。当用户输入、输出点数超过主机的范围时，可通过 I/O 扩展接口与 I/O 扩展单元相接，以扩充 I/O 点数。A/D 和 D/A 单元及连接单元一般也通过该接口与主机连接。

### 5.1.2　S7-200 系列 PLC 的特性、内部资源与 CPU 模块连线

#### 1. 系统特性

S7-200 系列 PLC 是西门子公司推出的一种小型 PLC。它适用于各行各业，各种场合中的检测、监测及控制的自动化。

目前 S7-200 系列 PLC 主要有 CPU221、CPU222、CPU224、CPU224XP、CPU226 和 CUP226XM 等型号的 CPU 模块。这几种 CPU 模块的外部结构大体相同，其外部结构如图 5-5 所示，CPU224XP 和 CPU226 有两个通信口。各 CPU 模块的基本特性见表 5-2。

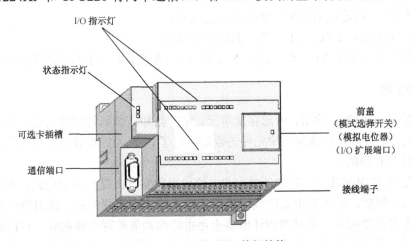

图 5-5　S7-200 CPU 外部结构

表 5-2　S7-200 系列 PLC 各 CPU 模块基本特性

| | CPU221 | CPU222 | CPU224 | CPU224XP | CPU226 |
|---|---|---|---|---|---|
| 本机数字量 I/O | 6 入/4 出 | 8 入/6 出 | 14 入/10 出 | 14 入/10 出 | 24 入/16 出 |
| 本机数字量输入地址 | I0.0~I0.5 | I0.0~I0.7 | I0.0~I1.5 | I0.0~I1.5 | I0.0~I2.7 |
| 本机数字量输出地址 | Q0.~Q0.3 | Q0.~Q0.5 | Q0.0~Q1.1 | Q0.0~Q1.1 | Q0.0~Q1.7 |
| 最大数字量 I/O | 6 入/4 出 | 40 入/38 出 | 168 路 | 168 路 | 248 路 |
| 本机模拟量 I/O | — | — | — | 2 入/1 出 | — |
| 本机模拟量 I/O 地址 | — | — | — | AIW0、AIW1 AIW2/AQ W0 | — |
| 最大模拟量 I/O | | 10 路 | 35 路 | 38 路 | 35 路 |
| 扩展模块 | — | 2 个 | 7 个 | 7 个 | 7 个 |
| 数字量 I/O 映像区 | 128 入/128 出 | 128 入/128 出 | 128 入/128 出 | 128 入/128 出 | 128 入/128 出 |
| 模拟量 I/O 映像区 | — | 16 入/16 出 | 32 入/32 出 | 32 入/32 出 | 32 入/32 出 |
| 程序数据存储空间/KB | 6 | 6 | 16 | 22 | 26 |
| PID 控制器 | — | 有 | 有 | 有 | 有 |
| 脉冲捕捉输入 | 6 个 | 8 个 | 14 个 | 14 个 | 14 个 |
| 高速计数器 | 4 个 | 4 个 | 6 个 | 6 个 | 6 个 |
| 脉冲输出 | 2 个 | 2 个 | 2 个 | 2 个 | 2 个 |
| RS-485 接口 | 1 个 | 1 个 | 1 个 | 2 个 | 2 个 |
| 模拟电位器 | 1 个 8 位分辨率 | 1 个 8 位分辨率 | 2 个 8 位分辨率 | 2 个 8 位分辨率 | 2 个 8 位分辨率 |
| 布尔量运算执行速度 | 0.22μs/指令 | 0.22μs/指令 | 0.22μs/指令 | 0.22μs/指令 | 0.22μs/指令 |
| PID 控制器 | — | 有 | 有 | 有 | 有 |

S7-200 CPU 模块包括一个中央处理器（CPU）、电源及 I/O 点，这些都被集成在一个紧凑、独立的设备中。

CPU 负责执行程序和存储数据，以便对工业自动控制任务或过程进行控制。

输入和输出时系统的控制点：输入部分从现场设备中（传感器或开关）采集信号，输出部分则控制泵、电动机、指示灯及工业过程中的其他设备。

电源向 CPU 及所连接的任何模块提供电力支持。

通信端口用于连接 CPU 与上位机或其他工业设备。

状态信号灯显示了 CPU 工作模式，本机 I/O 的当前状态，以及检查出的系统错误。

## 2．内部资源

PLC 中的每一个输入/输出、内部存储单元、定时器和计数器等都称为软元件。各软元件有其不同的功能，有固定的地址。软元件的数量决定了 PLC 的规模和数据处理能力，每一种 PLC 的软元件是有限的。

软元件是 PLC 内部具有一定功能的器件，这些器件实际上是由电子电路、寄存器及存储器单元等组成。例如，输入继电器由输入电路和输入映像寄存器构成；输出继电器由输出电路和输出映像寄存器构成；定时器和计数器也都由特殊功能的寄存器构成。它们都具有继电器的特性，但没有机械触点。为了把这种元器件与传统电气控制中的继电器区分开来，这里

## 项目 5　PLC 控制系统的安装与调试

把它们称为软元件或软继电器。这些软继电器的最大特点是触点（包括常开触点和常闭触点）可以无限次使用。

编程时，用户只需记住软元件的地址即可。每一个软元件都有一个地址与之相对应，软元件的地址编排采用区域号加区域内编号的方式，即 PLC 内部根据软元件的功能不同，分成了许多区域，如输入/输出继电器区、定时器区、计数器区、特殊继电器区等。

1）输入继电器（I）

输入继电器一般都有一个 PLC 的输入端子与之对应，它用于接收外部的开关信号。当外部的开关信号为闭合时，输入继电器的线圈得电，在程序中常开触点闭合，常闭触点断开。这些触点可以在编程时任意使用，使用次数不受限制。

在每个扫描周期的开始，PLC 对各输入点进行采样，并把采样值输入映像寄存器。PLC 在接下来的本周期各阶段不再改变输入映像寄存器中的值，直到下一个扫描周期输入新的采样值。

PLC 输入映像寄存器区的大小见表 5-2。实际输入点数不能超过这个数量，未用的输入映像区可以供其他编程元件使用，如可以充当通用辅助继电器或数据寄存器。

> 注意：这只有在寄存器的整个字节的所有位都未被占用的情况下才可做他用，否则会出现错误的执行结果。

2）输出继电器（Q）

输出继电器一般都有一个 PLC 上的输出端子与之对应。当通过程序使得输出继电器线圈得电时，PLC 上的输出端开关闭合，它可以作为控制外部负载的开关信号。同时在程序中其常开触点闭合，常闭触点断开。

在每个扫描周期的输入采样、程序执行等阶段，并不把输出结果信号直接送到输出继电器，而只是送到输出映像寄存器，只有在每个扫描周期的末尾才将输出映像寄存器中的结果几乎同时送到输出锁存器，对输出点进行刷新。实际未用的输出映像区可做他用，用法与输入继电器相同。

3）内部位存储器（M）

内部位存储器的作用和继电-接触器控制系统中的中间继电器相同，它在 PLC 中没有输入/输出端子与之对应，因此它的触点不能驱动外部负载，这是与输出继电器的主要区别。它主要起逻辑控制作用。

S7-200 的 PLC 位存储器的寻址区域为 M0.0~M31.7。

4）特殊存储器（SM）

有些内部存储器具有特殊功能或存储系统的状态变量、有关的控制参数和信息的功能，称其为特殊存储器。用户可以通过特殊标志来沟通 PLC 与被控对象之间的信息，如可以读取程序运行过程中的设备状态和运算结果信息，利用这些信息实现一定的控制动作。用户也可通过直接设置某些特殊存储器位来使设备实现某种功能，各位的定义如下：

SM0.0：运行监视。SM0.0 始终为"1"状态，当 PLC 运行时可以利用其触点驱动输出继电器。

SM0.1：首次扫描为 1，以后为 0，常用来对程序进行初始化，属只读型。

SM0.2：当 RAM 中数据丢失时，导通一个扫描周期，用于出错处理。

SM0.3：PLC 上电进入 RUN 方式，导通一个扫描周期，可用在启动操作之前给设备提供一个预热时间。

SM0.4：该位是一个周期为 1min，占空比为 50% 的时钟脉冲。

SM0.5：该位是一个周期为 1s，占空比为 50% 的时钟脉冲。

SM0.6：该位是一个扫描时钟脉冲。本次扫描时置"1"，下次扫描时置"0"，可用做扫描计数器的输入。

SM0.7：该位指示 CPU 工作方式开关的位置，在 TERM 位置时为"0"，可同编程设备通信，在 RUN 位置时为"1"，可使自由端口通信方式有效。

SM1.0：零标志位，运算结果等于 0 时，该位置"1"，属只读型。

SM1.1：溢出标志位，运算溢出或查出非法数值时，该位置"1"，属只读型。

SM1.2：当机器执行数学运算的结果为负时，该位置 1，属只读型。

SMB28 和 SMB29：分别存储模拟调节器 0 和 1 的输入值，CPU 每次扫描时更新该值，属只读型。

特殊存储器 SM 的全部功能可查阅相关手册。

5）变量存储器（V）

变量存储器是存储变量。它可以存放程序执行过程中控制逻辑操作的中间结果，也可以使用变量存储器来保存与工序或任务相关的其他数据。在进行数据处理时，变量存储器会被经常使用。

6）局部变量存储器（L）

局部变量存储器用来存放局部变量。局部变量与变量存储器所存储的全局变量十分相似，主要区别在于全局变量是全局有效的，而局部变量是局部有效的。全局有效是指同一个变量可以被任何程序（包括主程序、子程序和中断程序）访问；而局部有效是指变量只和特定的程序相关联。

S7-200PLC 提供 64B 的局部存储器，其中 60 个可以做暂时存储器或用于子程序传递参数。主程序、子程序和中断程序都有 64B 的局部存储器可以使用。不同程序的局部存储器不能互相访问。机器在运行时，根据需要动态地分配局部存储器，在执行主程序时，分配给子程序的或中断程序的局部变量存储区是不存在的，当子程序调用或出现中断时，需要为之分配局部存储器，新的局部存储器可以是曾经分配给其他程序块的同一个局部存储器。

7）定时器（T）

定时器是 PLC 中重要的编程元件，是累计时间增量的内部器件。电气自动控制的大部分领域都需要用定时器进行时间控制，灵活地使用定时器可以编制出复杂动作的控制程序。

定时器的工作过程与继电-接触器控制系统的时间继电器基本相同，但它没有瞬动触点。使用时要提前输入时间预设值。当定时器的输入条件满足时开始计时，当前值从 0 开始按一定的时间单位增加；当定时器的当前值达到预设值时，定时器触点动作。利用定时器的触点就可以得到控制所需的延时时间。

8）计数器（C）

计数器可用来累计输入脉冲的个数，经常用于对产品进行计数或进行特定功能的编程。使用时要提前输入它的设定值（计数的个数）。当输入触发条件满足时，计数器开始累计它的输入脉冲电位上升沿（正跳变）的次数；当计数器计数达到预定的设定值时，其常开触点闭合，常闭触点断开。

9）模拟量输入映像寄存器（AI）、模拟量输出映像寄存器（AQ）

模拟量输入电路用于实现模拟量/数字量（A/D）之间的转换，而模拟量输出电路用以实现数字量/模拟量（D/A）之间的转换。

在模拟量输入/输出映像寄存器中，数字量的长度为一个字长（16位），且从偶数号字节进行编址来存取转换过的模拟量值，如0、2、4、6、8等。编址内容包括元件名称、数据长度和起始字节的地址，如AIW6、AQW12等。

PLC对这两种寄存器的操作方式不同的是，模拟量输入寄存器只能进行读取操作，而对模拟量输出寄存器只能进行写入操作。

10）高速计数器（HC）

高速计数器的工作原理与普通计数器基本相同，它用来累计比主机扫描速率更快的高速脉冲。高速计数器的当前值是一个双字长（32位）的整数，且为只读型。高速计数器的数量很少，编址时只用名称HC和编号，如HC2。

11）累加器（AC）

S7-200PLC提供4个32位累加器，分别为AC0、AC1、AC2、AC3。累加器AC是用来暂存数据的寄存器。它可以用来存放运算数据、中间数据和结果数据，也可用来向子程序传递参数，或从子程序返回参数。使用时只表示出累加器的地址编号，如AC0。累加器可进行读、写两种操作。累加器的可用长度为32位，数据长度可以是字节、字或双字，但实际应用时，数据长度取决于进出累加器的数据类型。

### 3．CPU模块接线

1）CPU221的接线

（1）DC输入/DC输出。CPU221的DC输入/DC输出的接线图如图5-6所示。在DC输入端中，1M 0.0～0.3为第1组，2M 0.4、0.5为第2组组成，其中，1M、2M分别为各组的公共端。DC 24V的负极接公共端1M和2M。输入开关的一端接到DC 24V的正极，输入开关的另一端连接到CPU221各输入端。DC输出端由M、L+、0.0～0.3组成。L+为公共端。DC 24V的负极接M端，正极接L+端。输出负载的一端接到M端，输出负载的另一端接到CPU221各输出端。

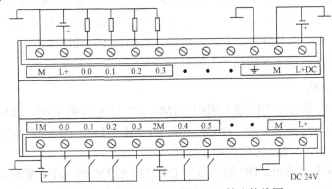

图5-6 CPU221的DC输入/DC输出接线图

(2) DC 输入/继电器输出。CPU221 的 DC 输入/继电器输出的接线图与 DC 输入/DC 输出相同，如图 5-7 所示。DC 输入/继电器输出端由两组构成，其中，N（-）、1L、0.0～0.2 为第 1 组，N（-）、2L、0.3 为第 2 组，各组的公共端为 1L 和 2L。负载电源的一端 N 接负载的 N（-）端，电源的另一端 L（+）接继电器输出端的 1L 端。负载的另一端分别接到 CPU221 各继电器输出端子。

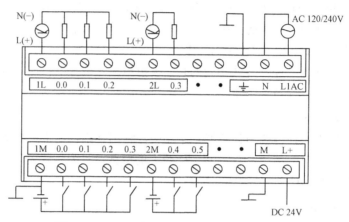

图 5-7　CPU221 的 DC 输入/继电器输出接线图

2）CPU222 的接线

(1) DC 输入/DC 输出。DC 输入端中，1M、0.0～0.3 为第 1 组，2M、0.4～0.7 为第 2 组，1M、2M 分别为各组的公共端。DC 输出端由 M、L+、0.0～0.5 组成，L+ 为公共端。

(2) DC 输入/继电器输出。DC 输入端与 CPU222 的 DC 输入/DC 输出相同。继电器输出端由两组构成，其中，N（-）、1L、0.0～0.2 为第 1 组，N（-）、2L、0.3～0.5 为第 2 组。各组的公共端为 1L 和 2L。

CPU222 的接线图与图 5-6 和图 5-7 相似。

3）CPU224 的接线

(1) DC 输入/DC 输出。DC 输入端中，1M、0.0～0.7 为第 1 组，2M、1.0～1.5 为第 2 组，1M、2M 分别为各组的公共端。DC 输出端中，1M、1L+、0.0～0.4 为第 1 组，2M、2L+、0.4～1.1 为第 2 组。1L+、2L+ 为公共端。

(2) DC 输入/继电器输出：DC 输入端与 CPU224 的 DC 输入/DC 输出的输入端相同。继电器输出端由 3 组构成，其中，N（-）、1L、0.0～0.3 为第 1 组，N（-）、2L、0.4～0.6 为第 2 组，N（-）、3L、0.7～1.1 为第 3 组。各组的公共端为 1L、2L 和 3L。

CPU224 的接线图与图 5-6 和图 5-7 相似。

4）CPU226 的接线

(1) DC 输入/DC 输出。DC 输入端中，1M、0.0～1.4 为第 1 组，2M、1.5～1.7 为第 2 组，1M、2M 分别为各组的公共端。DC 输出端中，1M、1L+、0.0～0.7 为第 1 组，2M、2L+、1.5～1.7 为第 2 组，1L+、2L+ 为公共端。

(2) DC 输入/继电器输出。DC 输入端与 CPU226 的 DC 输入/DC 输出的输入端相同。继电器输出端由 3 组构成，其中，N（-）、1L、0.0～0.3 为第 1 组，N（-）、2L、0.4～1.0 为第

2组，N（-）、3L、1.1~1.7为第3组，各组的公共端为1L、2L和3L。

CPU226的接线图与图5-6和图5-7相似。

### 5.1.3 PLC常见编程语言

S7-200系列PLC的编程语言非常丰富，有LAD（梯形图）、STL（语句表）、FBD（功能块图/逻辑功能图）、顺序功能图（SFC）等，用户可以选择一种语言编程，如果需要，也可混合使用几种语言编程。

#### 1．梯形图（LAD）

在图5-8所示的梯形图中，左边一条垂直的线称为左母线，右边一条虚线称为右母线。母线之间是触点的逻辑连接和线圈的输出。

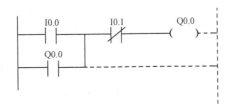

图5-8　梯形图

#### 2．语句表（STL）

语句表是用一个或几个容易记忆的字符来代表PLC的某种操作功能。

#### 3．顺序功能图（SFC）

顺序功能图又称状态转移图，它是描述控制系统的控制过程、功能和特性的一种图形。

#### 4．功能块图（FBD）

功能块图是一种类似于数字逻辑门电路的编程语言。

### 5.1.4 梯形图的特点与编程规则

#### 1．梯形图的特点

（1）"从上到下"按行绘制，每一行"从左到右"绘制，左侧总是输入接点，最右侧为输出元素。

（2）梯形图的左右母线是一种界限线，并未加电压，支路（逻辑行）接通时，并没有电流流动。

（3）梯形图中的输入接点及输出线圈等不是物理接点和线圈，而是输入、输出存储器中输入、输出点的状态。

（4）梯形图中使用的各种PLC内部器件，不是真的电气器件，但具有相应的功能。梯形图中每个继电器和触点均为PLC存储器中的一位。

(5)梯形图中的继电器触点既可常开，又可常闭，其常开、常闭触点的数目是无限的（受存储容量限制），也不会磨损。

(6) PLC 是采用循环扫描方式工作，梯形图中各元件是按扫描顺序依次执行的，是一种串行处理方式。

**2. 梯形图编程的基本规则**

(1) 按"自上而下，从左到右"的顺序绘制。

(2) 在每一个逻辑行上，当几条支路并联时，串联触点多的应安排在上面，如图 5-9（a）所示，几条支路串联时，并联触点多的应安排在左面，如图 5-9（b）所示。

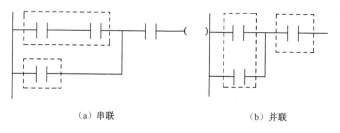

(a) 串联　　　　　　　　(b) 并联

图 5-9　梯形图串/并联规则

(3) 触点应画在水平支路上，不包含触点的支路应放在垂直方向，不应放在水平方向；如图 5-10 所示的（1）和（2）处都是不允许的。

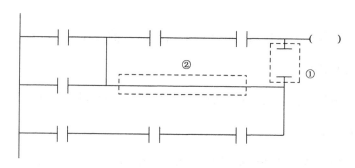

图 5-10　触点的画法

(4) 梯形图中任一支路上的串联触点、并联触点及内部并联线圈的个数一般不受限制。在中、小型 PLC 中，由于堆栈层次一般为 8 层，因此，连续进行并联支路块串联操作、串联支路块并联操作等的次数，一般不应超过 8 次。

(5) 如果两个逻辑行之间互有牵连，逻辑关系又不清晰，应进行变化，以便于编程。如图 5-11（a）梯形图可变化为图 5-11（b）所示的梯形图。

### 5.1.5　编程软件 STEP 7-Micro/WIN V4.0 简介

**1. STEP 7-Micro/WIN V4.0 的功能**

STEP 7-Micro/WIN V4.0 的基本功能如下。

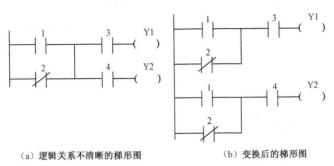

(a) 逻辑关系不清晰的梯形图　　　　(b) 变换后的梯形图

图 5-11　梯形图中逻辑关系编程规则

（1）在离线（脱机）方式下创建、编辑和修改用户程序。在离线方式下，计算机不直接与 PLC 联系，可以实现对程序的编辑、编译、调试和系统组态，此时所有的程序和参数都存储在计算机的存储器中。

（2）在在线（联机）方式下通过对联机通信的方式上载和下载用户程序及组态数据，编辑和修改用户程序，实时监控程序运行状态，还可以直接对 PLC 进行各种操作。

（3）在编辑程序的过程中具有简单语法检查功能。利用此功能可提前避免一些语法和数据类型方面的错误；它主要在梯形图错误下方自动加红色曲线或在语句表中错误行前加注红色叉，且在错误下方加红色曲线。

（4）具有用户程序的文档管理和加密等一些工具功能。

此外，用户还可以直接用编程软件设置 PLC 的工作方式、运行参数以及进行运行监控和强制操作等。

在线与离线的主要区别：

（1）联机方式下可直接针对相连的 PLC 进行操作，如上载和下载程序及组态数据等。

（2）离线方式下不直接与 PLC 联系，所有程序和参数都暂时存放在计算机硬盘里，待联机后再下载到 PLC 中。

## 2．编程器窗口组件及其功能

双击桌面上的 STEP 7-Micro/WIN图标，或从"开始"菜单选择 Simatic>STEP 7 Micro/WIN，启动应用程序，会打开一个新 STEP 7-Micro/WIN 项目。其主界面如图 5-12 所示。

STEP 7-Micro/WIN V4.0 编程主界面一般分为以下几个区域：主菜单栏（包括 8 个主要菜单项）、工具条、浏览条、指令树、交叉引用、数据块、状态表、符号表、输出窗口、状态条、程序编辑器和局部变量表。主界面采用了标准的 Windows 程序界面，如标题栏、主菜单栏等。

编程器窗口包含的各组件名称及功能如下。

### 1）主菜单栏

主菜单栏同其他 Windows 系统的软件一样，位于窗口最上面的就是 STEP 7-Micro/WIN V4.0 编程软件的主菜单，它包括 8 个主菜单选项，这些菜单包含了通常情况下控制编程器软件运行的功能和命令（括号后的字母为对应的操作热键），如图 5-13 所示。

机床电气控制系统维护

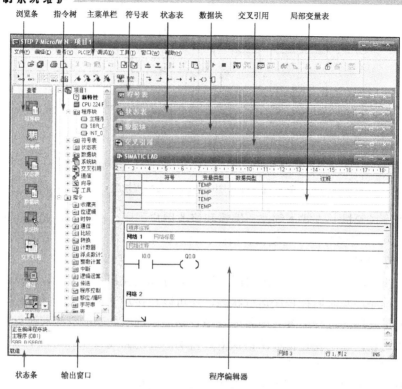

图 5-12　STEP 7-Micro/WIN V4.0 主界面图

图 5-13　主菜单条

各主菜单选项功能简介如下。

（1）文件（File）。文件操作的下拉菜单里包含如新建、打开、关闭、保存文件、上载和下载程序、文件的打印预览、设置和操作等。

（2）编辑（Edit）。编辑是程序编辑的工具，如选择、复制、剪切、粘贴程序块或数据块，同时提供查找、替换、插入、删除和快速光标定位等功能。

（3）查看（View）。查看的功能有：选择不同语言的编程器，如梯形图（LAD）、语句表（STL）、功能图（FBC）；可以进行数据块、符号表的设定；对系统块配置、交叉引用、通信参数进行设置；工具栏区可以选择浏览栏、指令树及输出视窗的显示与否；对程序块（OBI）的属性进行设定。

（4）PLC（可编程控制器）。PLC 菜单用以建立与 PLC 联机时的相关操作，如用软件改变 PLC 的工作方式、在线编译、查看 PLC 的信息、清除程序和数据、时钟、存储卡操作、程序比较、PLC 类型选择及通信设置等。

（5）调试（Debug）。调试包括监控和调试中的常用工具按钮，主要用于联机调试。

（6）工具（Tools）。工具可以用复杂指令向导（包括 PID 指令、NETR/NETW 指令和 Hsc 指令），使复杂指令编程时操作大大简化。

（7）窗口（Windows）。窗口可以打开一个或多个，并可进行窗口之间的切换；可以设置窗口的排放形式，如层叠、水平和垂直等。

（8）帮助（Help）。通过帮助菜单上的目录和索引可查阅几乎所有相关的使用帮助信息，帮助菜单还提供网上查询功能。在软件操作过程中的任何步骤或任何位置都可以按 F1 键来显示在线的帮助。

2）浏览条

位于软件窗口左方的是浏览条，它显示编程特性的按钮控制群组，如程序块、符号表、状态图、数据块、系统块、交叉引用及通信显示按钮控制。浏览条可用 "查看（View）-框架-浏览条"来打开或关闭。

浏览条为编程提供按钮控制，可以实现窗口的快速切换，在浏览条中单击任何一个按钮，则主窗口切换成此次按钮对应的窗口。

> 注意：当浏览条包含的对象因为当前窗口的大小无法显示时，浏览条显示滚动按钮，使您能向上或向下移动至其他对象。

3）指令树

指令树以树形结构提供编程时用到的所有快捷操作命令和 PLC 指令，它由项目分支和指令分支组成。指令树可用 "查看（View）-框架-指令树"来打开或关闭。

在项目分支中，用鼠标右键单击"项目"，可将当前项目进行全部编译、比较和设置密码；在项目中可选择 CPU 的型号；用鼠标右键单击"程序块"文件夹，可插入新的子程序或中断程序；打开"程序块"文件夹，可以用密码包含本 POU，也可以插入新的子程序、中断程序或重新命名。

指令分支主要用于输入程序。打开指令文件夹并选择相应指令时，拖放或用鼠标左键双击指令，可在程序中插入指令；用鼠标右键单击指令，可从弹出的菜单中选择"帮助"，获得有关该指令的信息。

4）交叉引用

交叉引用窗口用以提供用户程序所用的 PLC 资源信息。在进行程序编译后，利用浏览条中的交叉参考按钮可以查看程序的交叉参考窗口（或选择 "查看（View）-组件-交叉引用"进入交叉参考窗口），以了解程序在何处使用了何符号及内存赋值。

5）数据块

数据块允许对 V（变量存储器）进行初始数据赋值，操作形式分为字节、字或双字。

6）状态图窗口

状态图窗口允许将程序输入、输出或变量置入图表中，以便追踪其状态。在向 PLC 下载程序后，可以建立一个或多个状态图，用于联机调试时监视各变量的值和状态。

在 PLC 运行方式下，可以打开状态图窗口，当程序扫描执行时，可连续、自动地更新状态图表的数值。打开状态图是为了检查程序，但不能对程序进行编辑，程序的编辑需要在关闭状态图的情况下进行。

7）符号表/全局变量表

在编程时，为增加程序的可读性，可以不采用元件的直接地址作为操作数，而用带有实际含义的自定义符号名作为编程元件的操作数。这时需要用符号表建立自定义符号名与直接地址编号之间的对应关系。

8）输出窗口

输出窗口用来显示 STEP 7-Micro/WIN V4.0 程序编译的结果，如编译是否有错误、错误编码和位置等。当输出窗口列出程序错误时，可用鼠标左键双击错误信息，会在程序编辑器窗口中显示适当的网络。

9）状态条

状态条又称任务栏，提供在 STEP 7-Micro/WIN V4.0 中操作时的操作状态信息。

10）程序编辑器窗口

在程序编辑区，用户可以使用梯形图、指令表或功能块图编写 PLC 控制程序，在联机状态下，可以从 PLC 上载用户程序进行编辑和修改。

11）局部变量表

每个程序块都对应一个局部变量表，局部变量表用来定义局部变量，局部变量只在建立局部变量的 POU 中才有效。

使用局部变量有以下两个优点：一是创建可移植的子程序时，可以不引用绝对地址或全局符号；二是使用局部变量作为临时变量（临时变量定义为 TEMP 类型）进行计算时，可以释放 PLC 内存。

### 3．用户程序文件操作

1）打开已有的项目文件

打开已有的项目文件常用以下两种方法。

（1）由文件菜单打开。用"文件（File）"菜单中的"打开（Open）"命令，在弹出的对话框中选择要打开的程序文件。

（2）由文件名打开。因为最近的工作项目的文件名在文件菜单下会列出，所以可直接选择而不必打开对话框，另外也可以用 Windows 资源管理器找到适当的目录，项目文件在使用.mwp 扩展名的文件中，双击该文件就可以打开目标文件。

2）创建新项目（文件）

创建新项目文件常用以下两种方法：

（1）单击工具条中的"新建"快捷按钮。

（2）单击"文件（File）"菜单，选择"新建（New）"命令，会在主窗口显示新建程序文件的主程序区。

3）选择主机 CPU 型号

一旦打开一个新项目，开始写程序之前可以选择 CPU 主机型号。确定 CPU 类型通常可以采用以下两种方法。

（1）在指令树中打开项目 1 分支，右键单击"CPU 212 REL 01.10"图标，在弹出的按钮中单击"类型"，或鼠标左键单击"CPU 212 REL 01.10"，在弹出的对话框中选择 CPU 的型号，如图 5-14 所示。

（2）单击"PLC"菜单，选择"类型"命令，也弹出如图 5-14 所示的对话框，选择目标 CPU 型号。

图 5-14  CPU 型号的选择

**4．编辑程序**

1）在梯形图中输入指令（编程元件）

在使用 STEP 7-Micro/WIN V4.0 编程软件时，一般采用梯形图编程，编程元件有线圈、触点、指令盒、标号及连接线。触点 ┤├ 代表电源可通过的开关，电源仅在触点关闭时通过正常打开的触点（逻辑值零）；线圈 ─( )─ 代表由能流充电的中继或输出；指令盒 □ 代表当能流到达方框时执行的一项功能（如计时器、计数器或数学运算）。

输入编程元件的方法的有两种：

**方法 1**：从指令树中双击或拖放。

（1）在程序编辑器窗口中将光标放在所需的位置，会有一个选择方框在该位置周围出现。

（2）在指令树中，浏览至所需的指令双击或拖放该指令。

（3）指令在程序编辑器窗口中显示。

**方法 2**：工具条按钮。

在程序编辑器窗口中将光标放在所需的位置，会有一个选择方框在该位置周围出现。

单击指令工具条上的触点、线圈或指令盒等相应编程按钮，从弹出的下拉菜单中选择要输入的指令单击即可，也可使用功能键（F4=触点、F6=线圈、F9=指令盒）插入一个类属指令。

在指令工具条上，编程软件输入有 7 个按钮，其中下行线、上行线、左行线和右行线按钮用于输入连接线，可形成复杂梯形图结构；输入触点、输入线圈和输入指令盒按钮用于输入编程软件，如图 5-15 所示。

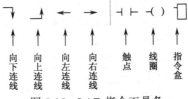

图 5-15  LAD 指令工具条

2）编程结构输入

只需从网络的开始依次输入各编程元件即可，每输入一个元件，光标自动向后移动到下一列。下面以电动机单向运行 PLC 控制程序为例来说明用梯形图（见下图）编辑器录入程序的过程。

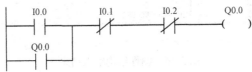

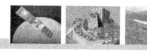

常开触点 I0.0 的输入步骤如下。

（1）将光标移至需要输入指令的位置，单击"指令树"的"位逻辑"左侧的加号，在"⊣⊢"上双击鼠标左键输入指令；或单击"工具条"上的"⊣⊢"按钮，在选择菜单中选择"⊣⊢"。

（2）单击"??.?"并输入地址：I0.0。

（3）按回车键或在空白地方单击鼠标左键输入。

常闭触点 I0.1 的输入步骤如下。

（1）将光标移至需要输入指令的位置，单击"指令树"的"位逻辑"左侧的加号，在"⊣/⊢"上双击鼠标左键输入指令；或单击"工具条"上的"⊣⊢"按钮，在选择菜单中选择"⊣/⊢"。

（2）单击"??.?"并输入地址：I0.1。

（3）按回车键或在空白地方单击鼠标左键输入。

常闭触点 I0.2 的输入步骤如常闭触点 I0.1。

输出指令 Q0.0 的输入步骤如下。

（1）将光标移至需要输入指令的位置，单击"指令树"的"位逻辑"左侧的加号，在"-( )"上双击鼠标左键输入指令；或单击"工具条"上的"-( )"按钮，在选择菜单中选择"-( )"。

（2）单击"??.?"并输入地址：Q0.0。

（3）按回车键或在空白地方单击鼠标左键输入。

输出线圈的常开触点 Q0.0 的输入步骤如下。

（1）将光标移至常开触点 I0.0 的下面，单击"指令树"的"位逻辑"左侧的加号，在"⊣⊢"上双击鼠标左键输入指令；或单击"工具条"上的"⊣⊢"按钮，在选择菜单中选择"⊣⊢"。

（2）单击"??.?"并输入地址：Q0.0。

（3）按回车键或在空白地方单击鼠标左键输入。

线的连接：

用鼠标选中 Q0.0，单击"工具条"的连线工具中的上连线"↑"，即可完成连线。完成后的程序如图 5-16 所示。

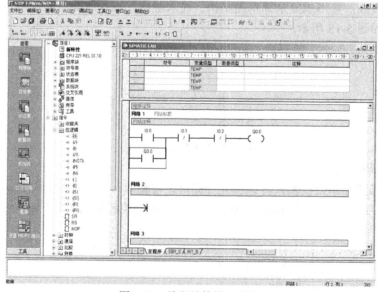

图 5-16　编程结构输入结果

项目 5　PLC 控制系统的安装与调试

3）保存创建的新程序

程序输入后，也就创建了一个完整的程序。保存时，即可在"菜单栏"中选择命令"文件"-"另存为"；也可单击"工具条"上的"📷"按钮，存储项目，如图5-17所示。

图 5-17　保存程序界面

4）在 LAD 中编辑程序

（1）剪切、复制、粘贴或删除网络。通过拖曳鼠标或使用 Shift 键和 Up（向上）、Down（向下）箭头键，可以选择多个相邻的网络，用于剪切、复制、粘贴或删除选项。使用工具条按钮或从"编辑"菜单选择相应的命令，或用鼠标右键单击，弹出快捷菜单选择命令。在编辑中，不能选择部分网络，当选择部分网络时，系统会自动选择整个网络。

（2）编辑单元格、指令、地址和网络。单击程序编辑器中的空单元格时，会出现一个方框，显示已经选择的单元格。可以使用弹出菜单在空单元格中粘贴一个选项，或在该位置插入一个新行、列、垂直线或网络，也可以从空单元格位置删除网络或编辑网络。

（3）插入和删除。编辑中经常用到插入和删除一行、一列、一个网络、一个子程序或中断程序等。方法有两种：在编程区右键单击要进行操作的位置，弹出快捷菜单，选择"插入（Insert）"或"删除（Delete）"选项，再弹出子菜单，单击要插入或删除的选项，然后进行编辑；也可用"编辑（Edit）"菜单中的命令进行上述相同的操作。

对于元件的剪切、复制和粘贴等操作方法也与上述类似。

5）编写符号表

使用符号表，可将地址编号用具有实际含义的符号代替，有利于程序结构清晰易读。单击浏览条中的符号表按钮📷，建立如图5-18所示的符号表。操作步骤如下。

（1）在"符号"列输入符号名（如 SB_1）。符号名的长度不能超过 23 个字符。在给空号指定地址前，该符号下有绿色波浪下画线。在给定地址后，绿色波浪下画线自动消失。

（2）在"地址"列输入相应的地址编号（如 I0.0，Q0.0）等。

|   | 符号 | 地址 | 注释 |
|---|------|------|------|
| 1 | SB_1 | I0.0 | 启动按钮 |
| 2 | SB_2 | I0.1 | 停止按钮 |
| 3 | FR   | I0.2 | 热继电器 |
| 4 | KM   | Q0.0 | 输出线圈 |
| 5 |      |      |      |

图 5-18　符号表

(3) 在"注释"列输出相应的注释（如启动按钮等）。是否注释也可根据实际情况而定，可以不输入注释。输入注释时，注释的长度不能超过 79 个字符。

(4) 编写好符号表后，单击"查看（View）"菜单，选择"符号表"选项，在弹出的级联菜单中单击"将符号表应用于项目（S）"命令，然后打开程序窗口，则电动机单向运行对应的梯形图如图 5-19 所示。

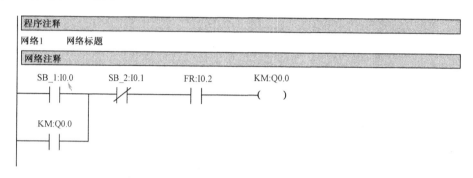

图 5-19　电动机单向运行对应的梯形图

6）编程语言转换

STEP 7-Micro/win V4.0 软件可实现三种编程语言（编辑器）之间的任意切换。单击"查看（View）"菜单，选择"STL"、"梯形图（LAD）"或"FBD"三种程序的任何一种便可进入相应的编程环境。使用最多的是 STL 和梯形图（LAD）之间的互相切换，STL 的编程可以按照或不按照网络块的结构顺序编程，但 STL 只有在严格按照网络块编程的格式编程才可切换到梯形图（LAD），否则无法实现切换。

7）注释

梯形图编辑器中的"网络 n（Network n）"标志每个梯级，同时又是标题栏，可在此为该梯级加标题或必要的注释说明，使程序清晰易懂。方法：单击"网络 n"，在其右边的空白区域输入相应的"网络标题"，在其正下方的方框区域输入相应的"网络注释"。每个梯形图程序也可在其最上方标注"程序注释"。

8）编译

程序编辑完成后，单击"PLC"菜单，选择"编译（Compile）"或"全部编译（All Compile）"命令进行离线编译，或者直接单击工具条上的按钮"☑"（编译）或"☑"（全部编译）也可完成编译。编译结束，在输出窗口会显示编译结果信息。

9）下载程序文件

下载程序文件是指将存储在编程器（计算机）中的程序文件装入到 PLC 主机中。编写完一个程序后，需要下载到 PLC 中进行运行，下载步骤有如下几步。

(1) 单击工具条上的"☑"按钮或选择"文件"→"下载"命令，出现下载对话框，若通信不成功，会出现如图 5-20 所示的提示框，此时，应根据提示检查系统硬件及通信配置，直至通信连接正确。

(2) 根据默认值，在初次发出下载命令时，"程序代码块"、"数据块"和"CPU 配置"（系

项目5 PLC控制系统的安装与调试

统块)复选框被选择。如果不需要下载某一特定的块,清除该复选框。

(3)通信连接正确后,单击"下载",根据提示,下载程序,如图5-21所示。

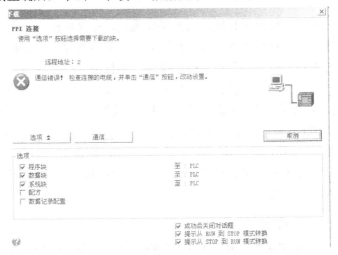

图5-20 下载通信不成功的界面

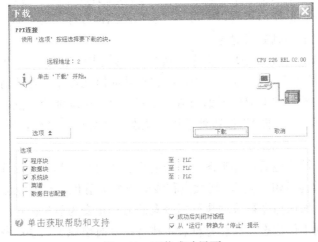

图5-21 下载成功界面

10)程序的运行

要通过STEP 7-Micro/WIN V4.0软件将S7-200转入运行模式,S7-200的模式开关必须设置为"TERM"或"RUN"。单击工具条上的"▶"按钮或在命令菜单中选择"PLC"-"运行",出现一个对话框提示是否切换运行模式。单击"是"切换到运行模式。

11)上载程序

上载程序文件是指将存储在PLC主机中的程序文件装入到编程器(计算机)中。具体操作为:单击"文件(File)"菜单,选择"上载(Upload)"命令;或者用工具条中的"▲"(上载)按钮来完成操作。

5. 程序运行监控与调试

在成功地完成下载程序后,则可利用STEP 7-Micro/WIN V4.0编程软件"调试"工具条

165

的诊断特性,在软件环境下调试并监视用户程序的执行。

1) 工作模式选择

S7-200PLC 的 CPU 具有停止和运行两种操作模式,在停止模式下,可以创建、编辑程序,但不能执行程序;在运行模式下,PLC 读取输入,执行程序,写输出,反映通信请求,更新智能模块,进行内部事务管理及恢复中断条件,不仅可以执行程序,也可以创建、编辑及监控程序操作和数据,为调试提供帮助,加强了程序操作和确认编程的能力。

如果 PLC 上的模式开关处于"RUN"或"TERM"位置,可通过 STEP 7-Micro/WIN V4.0 软件执行菜单命令"PLC"→"运行"或"PLC"→"停止"进入相应工作模式。也可单击工具栏中" ▷ (运行)"按钮,或" ■ (停止)"按钮,进入相应工作模式,还可以手动改变 PLC 下面小门内的状态开关改变工作模式。"运行"工作模式时,PLC 上的黄色"STOP"指示灯灭,绿色"RUN"指示灯亮。

2) 梯形图程序的状态监视

编程设备和 PLC 之间建立通信并向 PLC 下载程序后,STEP 7-Micro/WIN V4.0 可对当前程序进行在线调试,利用菜单栏中"调试(D)"列表选择或单击"调试工具条"中的按钮,可以在梯形图程序编辑器窗口查看以图形形式表示的当前程序的运行状况,还可直接在程序指令上进行强制或取消强制数值等操作。

运行模式下,单击"调试(D)"菜单,选择"开始程序状态监控(P)"命令,或单击工具条中" ▦ (程序状态监控)"按钮,用程序状态功能监视程序运行的情况,PLC 的当前数据值会显示在引用该数据的 LAD 旁边,LAD 以彩色显示活动能流分支,启动程序状态监控功能后," ▦ (程序状态监控)"按钮处于压下状态,要想停止监控,再单击" ▦ (程序状态监控)"按钮即可。

启动程序状态监控功能后,梯形图中左边的垂直"母线"和有能流流过的"导线"变为蓝色,如果位操作数为逻辑"真",其触点和线圈也变成蓝色,有能流流入的指令盒的使能流输入端变为蓝色,如该指令被成功执行指令盒的方框也变为蓝色;定时器和计数器的方框为绿色时表示已处在工作状态,红色方框表示执行指令时出现了错误;灰色表示无能流、指令被跳过、未调用或 PLC 停止状态。

运行过程中,单击" ▦ (暂停程序状态监控)"按钮,或者右击正处于程序监控状态的显示区,在弹出的快捷菜单中选择"暂停程序状态监控(M)",将使这一时刻的状态信息静止地保持在屏幕上以供仔细分析与观察,直到再单击" ▦ (暂停程序状态监控)"按钮,才可以取消该功能,继续维持动态监控。

## 知识拓展

### 5.1.6 STEP 7-Micro/WIN V4.0 编程软件的安装

安装 STEP 7-Micro/WIN 编程软件,其步骤如下。

(1) 将 STEP 7-Micro/WIN 编程软件安装光盘放入光驱中,打开光盘驱动器,双击 Setup.exe 文件,选择安装语言,如图 5-22 所示。

项目 5　PLC 控制系统的安装与调试

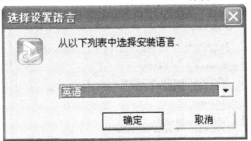

图 5-22　选择安装语言界面

在如图 5-22 所示界面中单击"确定"按钮后，出现如图 5-23 所示的安装向导，单击"Next"按钮，出现如图 5-24 所示界面。

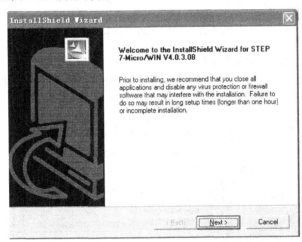

图 5-23　STEP 7-Micro/WIN V4.0 安装向导

（2）选择安装路径，在如图 5-24 所示界面中单击"Browse"按钮可更改安装路径。

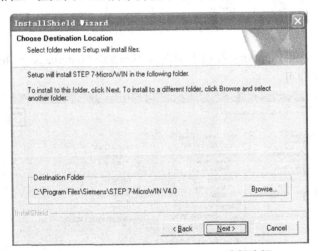

图 5-24　STEP 7-Micro/WIN V4.0 路径选择

（3）安装 PG/PC 接口：PC Adapter，CP5611，CP5511 等驱动集成在 STEP 7 中，如图 5-25 所示，用户根据实际情况进行选择。

167

图 5-25　安装 PG/PC 接口界面

（4）安装完成后，重新启动计算机。

（5）软件汉化。启动软件后，在如图 5-26 所示界面中选择菜单栏 Tools→Options，出现如图 5-26 所示的界面。

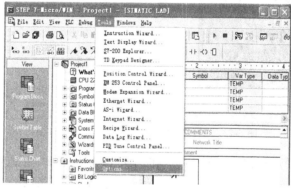

图 5-26　软件汉化界面

在如图 5-27 所示界面 Options 选项卡中选择 General→Language→Chinese→OK，然后按要求重新启动该程序即可。

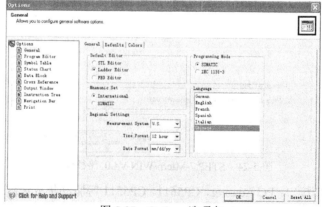

图 5-27　Options 选项卡

## 项目 5　PLC 控制系统的安装与调试

### 问题与思考 5-1

1. STEP 7-Micro/WIN V4.0 的编程语言有几种？最常用的是哪种语言？
2. 在复杂的电气控制中，采用 PLC 控制与传统的继电气控制相比有哪些优越性？
3. PLC 的基本结构有哪几部分？各部分的功能是什么？
4. 用 PLC 设计一个连续与点动混合的电路。

## 任务 5-2　三相异步电动机正反转 PLC 控制线路的安装与调试

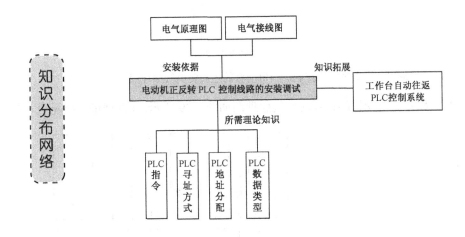

### 任务目标

选择使用 PLC，会用 PLC 的基本指令进行 PLC 编程，训练学生三相异步电动机正反转控制线路的设计、绘制、安装、调试与故障排查能力，整体控制系统的调试、评价能力。

### 任务描述

电动机正反转控制是应用非常广泛的一种控制，如在铣床加工中工作台的左右运动、前后和上下运动，摇臂钻床摇臂的上下运动、立柱的松开与夹紧、电梯的升降运动等都要求电动机实现正反转。该工作任务是用 PLC 完成三相异步电动机的正反转控制线路的设计、安装、调试与故障排除。

### 实践操作

根据三相异步电动机继电接触器控制正反转电气原理图，如图 5-28 所示，绘制其 PLC 控制图，并输入程序验证。

（1）三相异步电动机继电接触器控制的正反转电气原理图。

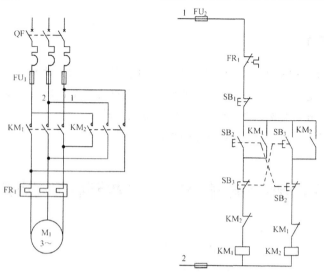

图 5-28 继电接触器控制三相电动机的正反转电气原理图

（2）PLC 控制三相异步电动机的正反转电气原理图如图 5-29 所示，I/O 地址分配见表 5-3。

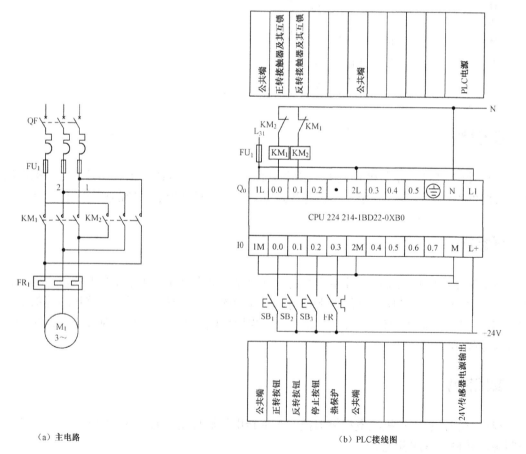

(a) 主电路　　　　　　　　　　　　(b) PLC 接线图

图 5-29　PLC 控制三相电动机的正反转电气原理图

# 项目 5  PLC 控制系统的安装与调试

表 5-3  I/O 分配功能

| 序号 | 符号 | 地址 | 注释 |
|---|---|---|---|
| 1 | SB$_{1-1}$ | I0.0 | 正转启动按钮 |
| 2 | SB$_{2-1}$ | I0.1 | 反转启动按钮 |
| 3 | SB$_{3-1}$ | I0.2 | 停止按钮 |
| 4 | FR | I0.3 | 过载保护 |
| 5 | KM$_1$ | Q0.0 | 正转接触器 |
| 6 | KM$_2$ | Q0.1 | 反转接触器 |

（3）梯形图程序。

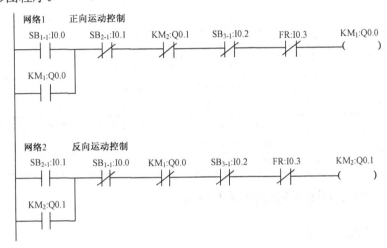

## 相关知识

### 5.2.1  S7-200 系列 PLC 的编程数据类型

在 S7-200 的编程语言中，大多数指令要同具有一定大小的数据对象一起进行操作。不同的数据对象具有不同的数据类型，不同的数据类型具有不同的数制和格式选择，程序中所用的数据可指定一种数据类型，在指定数据类型时，要确定数据大小和数据位结构。

**1. 数据长度**

计算机中使用的都是二进制数，在 PLC 中，通常使用位、字节、字、双字来表示数据，它们占用的连续位数称为数据长度。

二进制数的 1 位（bit）只有"0"和"1"两种不同的取值，在 PLC 中一个位可对应一个继电器或开关，继电器的线圈得电或开关闭合，相应的状态位为"1"；若继电器的线圈失电或开关断开，其对应位为"0"。

8 位二进制数组成一个字节（Byte），其中的第 0 位为最低位（LSB），第 7 位为最高位（MSB）。两个字节组成一个字（Word），在 PLC 中又称为通道，即一个通道由 16 位继电器组成。两个字组成一个双字（Double Word）。一般用二进制、补码表示有符号数，其最高位为符号位，最高位为 0 时为正数，最高位为 1 时为负数。

### 2. 数据类型及范围

S7-200 系列 PLC 数据类型主要有布尔型（BOOL）、整数型（INT）和实数型（REAL）。布尔逻辑型数据是由"0"和"1"构成的字节型无符号的整数；整数型数据包括 16 位单字和 32 位有符号整数；实数型数据又称浮点型数据，它采用 32 位单精度数来表示。数据类型、长度及范围见表 5-4。

表 5-4 基本数据类型及范围

| 基本数据类型 | 位数 | 说明 |
| --- | --- | --- |
| 布尔（BOOL） | 1 位 | 位，范围 0, 1 |
| 字节（B） | 8 位 | 不带符号的字节，范围 0 至 255 |
| | | 带符号的字节，范围 -128 至 +127 |
| 字（W） | 16 位 | 不带符号的整数，范围 0 至 65535 |
| 整数（INT） | | 带符号的整数，范围 -32768 至 +32767 |
| 双字（DW） | 32 位 | 不带符号的双整数，范围 0 至 4294967295 |
| 双整数（INT） | | 带符号的双整数，范围 -2147483648 至 +2147483647 |
| 实数型（REAL） | 32 位 | IEEE 浮点数，范围 +1.175495E-38 至 +3.402823E+38 -1.175495E-38 至 3.402823E+38 |
| 字符串 | | 每个字符以字节形式存储，最大长度为 255 字节 |

## 5.2.2 S7-200 的地址分配及寻址方式

### 1. 系统 I/O 的地址分配

S7-200 系列 PLC 的地址分配原则有两点：第一是数字量和模拟量分别编址，数字量输入地址冠以字母"I"，数字量输出地址冠以字母"Q"，输出/输入字节可以重号。模拟量输入地址冠以字母"AI"，模拟量输出地址冠以字母"AQ"，输出/输入字可以重号。第二是数字量模块的编址以字节为单位，模拟量模块的编址是以字为单位（即以双字节为单位）。

数字量扩展模块的地址分配是从最靠近 CPU 模块的数字量模块开始，在本机数字量地址的基础上从左到右按字节连续递增，本模块高位实际位数未满 8 位的，未用位不能分配给 I/O 链的后续模块。模拟量扩展模块的地址是从最靠近 CPU 模块的模拟量模块开始，在本机模拟量地址的基础上从左到右按字递增。例如，CPU224 要扩展三个扩展模块，它们分别为一个 4 入/4 出数字量混合模块、一个 6 入数字量模块和一个 4 入/1 出的模拟量混合模块。则第一个扩展模块输入地址为 I2.0～I2.3，输出地址为 Q2.0～Q2.3，第二个扩展模块输入地址为 I3.0～I3.5；第三个扩展模块输入地址为 AIW0、AIW2、AIW4、AIW6，输出地址为 AQW0。

### 2. 寻址方式

S7-200 将信息存储在不同的存储单元中，每个存储单元都有唯一的地址，S7-200 CPU 使用数据地址访问所有的数据，称为寻址。找出参与的操作数据或操作数据地址的方法，称为寻址方式。S7-200 系列的 PLC 有立即数寻址、直接寻址和间接寻址 3 种方式。

1）CPU 存储区域的立即数寻址

数据在指令中以常数形式出现，取出指令的同时也就取出了操作数，这种寻址方式称为立即数寻址方式。

2）CPU 存储区域的直接寻址

在指令中直接使用存储器或寄存器的元件名称、地址编号来查找数据，这种寻址方式称为直接寻址。直接寻址可以按位、字、字节、双字直接寻址。S7-200PLC 直接寻址的内部元器件符号见表 5-5。

表 5-5  PLC 寻址的内部元器件

| 元件符号 | 所在数据区域 | 位寻址格式 | 其他寻址格式 |
| --- | --- | --- | --- |
| I（输入继电器） | 数字量输入映像位区 | $A_{x,y}$ | $AT_x$ |
| Q（输出继电器） | 数字量输出映像位区 | $A_{x,y}$ | $AT_x$ |
| M（位存储器） | 位存储器标志位区 | $A_{x,y}$ | $AT_x$ |
| SM（特殊存储器） | 特殊存储器标志位区 | $A_{x,y}$ | $AT_x$ |
| S（顺序控制继电器） | 顺序控制继电器存储区 | $A_{x,y}$ | $AT_x$ |
| V（变量存储器） | 变量存储器区 | $A_{x,y}$ | $AT_x$ |
| L（局部变量存储器） | 局部存储器区 | $A_{x,y}$ | $AT_x$ |
| T（定时器） | 定时器存储器区 | $A_y$ | $AT_x$ |
| C（计数器） | 计数器存储器区 | $A_y$ | 无 |
| AI（模拟量输入映像寄存器） | 模拟量输入存储器区 | 无 | $AT_x$ |
| AQ（模拟量输出映像寄存器） | 模拟量输出存储器区 | 无 | $AT_x$ |
| AC（累加器） | 累加器区 | 无 | $A_y$ |
| HC（高速计数器） | 高速计数器区 | 无 | $A_y$ |

表 5-5 中，A 为元件名称，即该数据在数据存储器中的区域地址；T 为数据类型，若为位寻址，则无该项，若为字节、字或双字寻址，则 T 的取值应分别为 B、W 和 D，x 为字节地址，y 为字节内的位地址，只有位寻址才有该项。

（1）位寻址方式。按位寻址是指明存储器或寄存器的元件名称、字节地址和位号的一种直接寻址方式。按位寻址时的格式为 $A_{x,y}$，图 5-30 所示是输入继电器的位寻址。

例如：

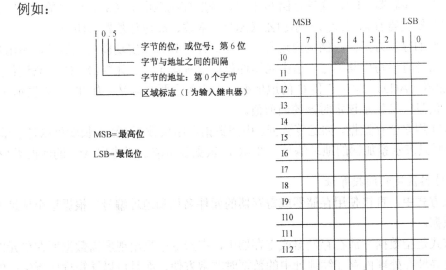

图 5-30  CPU 存储器中位数据表示方法和寻址方式

可以位寻址的元件有输入继电器（I）、输出继电器（Q）、辅助继电器（M）、特殊继电器（SM）、局部变量存储器（L）、变量存储器（V）和顺序控制继电器（S）。

（2）字节、字和双字的寻址方式。对字节、字和双字数据，直接寻址时需指明元件名称、数据类型和存储区域的首字节地址。当数据长度为双字时，最高有效字节为起始字节。对变量存储器V的数据操作如图5-31所示。

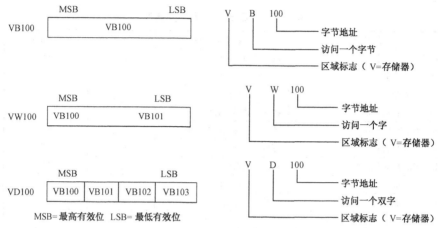

图5-31　字节、字、双字的寻址方式

按字节寻址的元器件有输入继电器（I）、输出继电器（Q）、辅助继电器（M）、特殊继电器（SM）、局部变量存储器（L）、变量存储器（V）、顺序控制继电器（S）、模拟量输入寄存器（AI）和模拟量输出寄存器（AQ）、累加器（AC）、常数。

按字寻址的元器件有输入继电器（I）、输出继电器（Q）、辅助继电器（M）、特殊继电器（SM）、局部变量存储器（L）、变量存储器（V）、顺序控制继电器（S）、模拟量输入寄存器（AI）和模拟量输出寄存器（AQ）、累加器（AC）、常数、定时器（T）、计数器（C）。

按双字寻址的元器件有输入继电器（I）、输出继电器（Q）、辅助继电器（M）、特殊继电器（SM）、局部变量存储器（L）、变量存储器（V）、顺序控制继电器（S）、模拟量输入寄存器（AI）和模拟量输出寄存器（AQ）、累加器（AC）、常数、高速计数器（HC）。

（3）特殊器件的寻址方式。存储区内还有一些元器件是具有一定功能的元器件，不用指出它们的字节，而是直接写出其编号。这类元器件包括定时器（T）、计数器（C）、高速计数器（HC）和累加器（AC）。其中T和C的地址编号中均包含两个含义，如$T_{33}$，既表示$T_{33}$定时器的位状态信息，又表示该定时器的当前值。

累加器（AC）用来暂存数据，如运算数据、中间数据和结果数据，数据长度可以是字节、字和双字。使用时只表示累加器的地址编号，如$AC_2$，数据长度取决于进出$AC_2$的数据类型。

3）CPU存储器区域的间接寻址

在直接寻址方式中，直接使用存储器或寄存器的元件名称和地址编号，根据这个地址可以立即找到该数据。

间接寻址方式是指数据存放在存储器或寄存器中，在指令中只出现所需数据所在单元的内存地址。间接寻址在处理内存连续地址中的数据时非常方便，而且可以缩短程序所生成的代码长度，使编程更加灵活。

可以用指针进行间接寻址的存储器有输入继电器(I)、输出继电器(Q)、辅助继电器(M)、变量存储器（V)、顺序控制继电器（S)、定时器（T）和计数器（C)。其中T和C仅作为数值可以进行间接寻址，而对独立的位值和模拟量值不能进行间接寻址。

### 5.2.3 PLC编程基本逻辑指令（一）

#### 1．指令的组成

语句指令（STL）由一个操作码和一个操作数组成。例如，在指令A　I1.0中A为操作码，I1.0为操作数。

操作码是告诉CPU要执行的功能。操作数提供操作码所需要的数据所在，操作数由操作数标志符和参数组成。操作数标志符说明参数放在存储器的哪个区域及操作数位数，标志符参数则进一步说明操作数在该存储区域内的具体位置。操作数标志符由主标志符和辅助标志符组成。

主标志符有：I－输入过程映像存储区、Q－输出过程映像存储区、V－变量存储区、M－位存储区、T－定时器存储区、C－计数器存储区、HC－高速计数器、AC－累加器、SM－特殊存储器、L－局部变量存储器、AI－模拟量输入映像存储器、AQ－模拟量输出映像存储器。

辅助标志符有：X－位、B－字节、W－字（2字节)、D－双字（4字节)。

但应该注意的是，有的操作码没有操作数。

梯形逻辑指令（LAD）用图形元素表示PLC要完成的操作，如图5-32所示。

图5-32　指令组成

#### 2．装载指令LD（Load)、LDN（Load Not）与线圈驱动指令=（Out)

LD：将动合触点接在母线上。

LDN：将动断触点接在母线上。

=：线圈输出。

LD、LDN、= 指令的梯形图及语句表如图5-33所示。

```
LD    I0.0
=     M0.0

LDN   I0.1
=     Q0.0
=     Q0.1
```

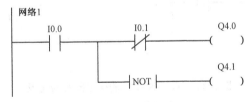

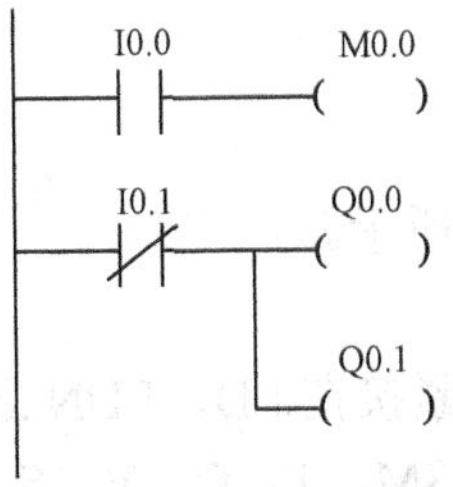

图5-33　LD、LDN、= 指令的梯形图及语句表

LD、LDN、= 指令的使用说明：

（1）LD、LDN 指令总是与母线相连（包括在分支点引出的母线）。

（2）= 指令不能用于输入继电器。

（3）具有图 5-33 中的最后 2 条指令结构的输出形式，成为并联输出，并联的= 指令可以连续使用。

（4）LD、LDN、= 指令的操作数（即可使用的编程元件）如下。

LD：I,Q,M,SM,T,C,V,S。

LDN：I,Q,M,SM,T,C,V,S。

=：Q,M,SM,T,C,V,S。

（5）= 指令的操作数一般不能重复使用。例如，在程序中多次出现“=Q0.0”指令。

### 3．触点串联指令 A（And）、AN（And Not）

A：串联动合触点。

AN：串联动断触点。

A、AN 指令的梯形图及语句表如图 5-34 所示。

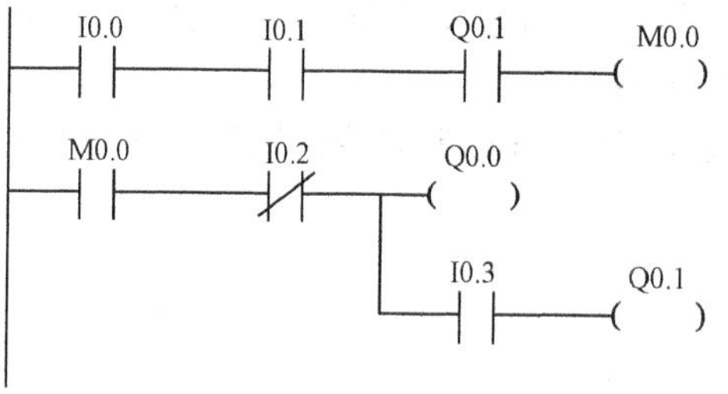


| | |
|---|---|
| LD | I0.0 |
| A | I0.1 |
| A | Q0.1 |
| = | M0.0 |
| LD | M0.0 |
| AN | I0.2 |
| = | Q0.0 |
| A | I0.3 |
| = | Q0.1 |

图 5-34　A、AN 指令的梯形图及语句表

A、AN 指令使用说明：

（1）A、AN 指令应用于单个触点的串联（常开或常闭），可连续使用。

（2）具有图 5-34 中的最后 3 条指令结构的输出形式，称连续输出。

（3）A、AN 指令的操作数为 I，Q，M，SM，T，C，V，S。

### 4．触点并联指令 O（Or）,ON（Or Not）

O：并联动合触点。

ON：并联动断触点。

O、ON 指令的梯形图及语句表如图 5-35 所示。

O、ON 指令使用说明：

（1）O、ON 指令应用于并联单个触点，紧接在 LD，LDN 之后使用，可以连续使用。

（2）O、ON 指令的操作数为 I，Q，M，SM，T，C，V，S。

项目5 PLC控制系统的安装与调试

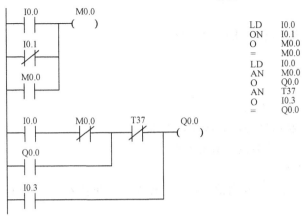

图 5-35 O、ON 指令的梯形图及语句表

## 知识拓展

### 5.2.4 工作台自动往返PLC控制系统

工作台自动往返的示意图如图 3-14 所示。传统的继电接触器控制原理见任务 3-2。电动机带动工作台自动往返，要求电动机来回运动实现正反转，故 PLC 控制自动往返的主电路就是电动机正反转主电路，如图 5-29（a）所示。根据电动机工作台自动往返控制要求，按钮、开关和位置开关都是输入，要求有 8 个输入点，2 个输出点，系统 I/O 接线图如图 5-36 所示，为了防止正反转接触器同时得电，在 PLC 的 I/O 分配图输出端 $KM_1$ 和 $KM_2$ 采用了硬件互锁控制。

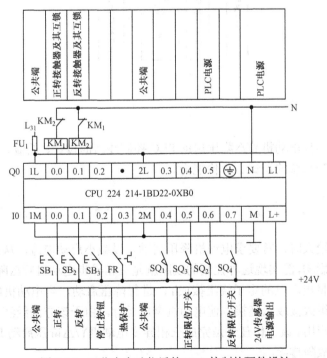

图 5-36 工作台自动往返的 PLC 控制的硬件设计

**系统软件设计**

请大家参照电动机正反转程序，自己编写。

### 问题与思考 5-2

1. PLC 的寻址方式有哪些？
2. 进行三相电动机的可逆运行控制，要求：

（1）启动时，可根据需要选择旋转方向；

（2）可以随时停车；

（3）需要反向旋转时，按反向启动按钮，但是必须等待 6s 后才能自动接通反向旋转的主电路。

## 任务 5-3  三相异步电动机 Y/△ 降压启动 PLC 控制线路的安装与调试

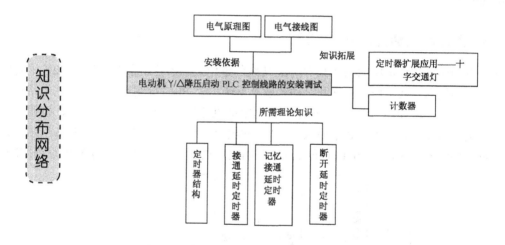

### 任务目标

训练学生三相异步电动机 Y/△ 降压启动 PLC 控制线路的设计、绘制、安装、调试与故障排查能力，整体控制系统的调试、评价能力。

### 任务描述

在电动机功率较大时，常要求电动机降压启动，以减小启动电流，从而减小对同一电网上其他用电设备的影响，能实现这种控制的线路就是三相异步电动机 Y/△ 降压启动控制线路。其方法是启动时先将电动机的定子绕组接成 Y，进行降压启动，当电动机的转速接近额定转速时，再将定子绕组改接成 △ 连接，使电动机全压运行。由于该方法经济、简单，因此，在生产中得到广泛的应用。该工作任务是完成三相异步电动机 Y/△ 降压启动 PLC 控制线路的设计、安装、调试与故障排除。

## 项目5 PLC控制系统的安装与调试

**实践操作**

演示三相异步电动机Y/△降压启动PLC控制，电动机启动后，分别测量Y和△连接时U相的电流和电压。

（1）PLC控制三相异步电动机的Y/△启动电气原理图见图5-37，I/O地址分配见表5-6。

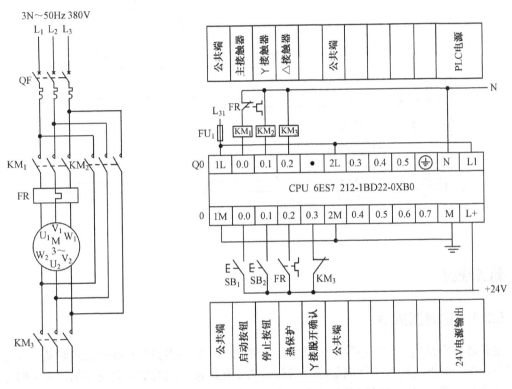

图5-37 PLC控制三相异步电动机的Y/△启动电气原理图

表5-6 I/O地址分配

| 序号 | 符号 | 地址 | 注释 |
| --- | --- | --- | --- |
| 1 | SB-2 | I0.0 | 启动按钮 |
| 2 | SB-1 | I0.1 | 停止按钮 |
| 3 | FR | I0.2 | 电动机热保护 |
| 4 | KM3-NC | I0.3 | Y连接脱开确认 |
| 5 | $KM_1$ | Q0.0 | 主电源 |
| 6 | $KM_2$ | Q0.1 | △连接启动 |
| 7 | $KM_3$ | Q0.2 | Y连接启动 |

179

(2) 梯形图程序。

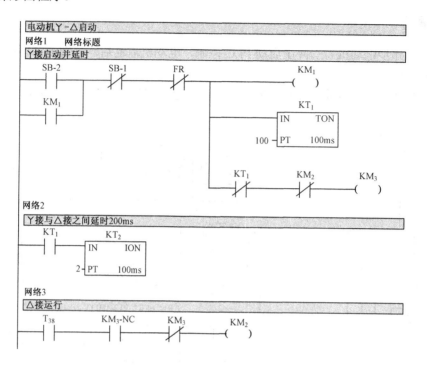

## 相关知识

### 5.3.1 定时器指令

定时器指令是电气控制系统中最常用的元件之一。定时器编程时要预置定时值，在运行过程中，当定时器的输入条件满足时，当前值从 0 开始按一定的单位时间增加，当定时器的当前值达到预设值时，定时器发生动作，此时与之对应的常开触点闭合，常闭触点断开。利用定时器的输入与输出触点，实现各种定时逻辑控制。

S7-200 系列 PLC 定时器有 3 种：接通延时定时器（TON）、断开延时定时器（TOF）和记忆接通延时定时器（TONR）。

定时器对时间间隔计数。定时器的分辨率（精度）决定了每个时间间隔的时间长短。例如，一个分辨率为 10ms 的接通延时定时器，在使能位接通时，以 10ms 的时间间隔计数，若 10ms 的定时器预设值为 50，则代表定时 10ms×50=500ms。SIMATIC 定时器有 3 种分辨率：1ms、10ms 和 100ms，各自的分辨率及编号见表 5-7。

定时器的指令操作数有 3 个，即编号、预设值和使能输入。

编号：（定时器号，Txxx）用定时器的名称和它的常数编号（最大 255）来表示，定时器号决定了定时器的分辨率，见表 5-7。它不仅仅是定时器的编号，还包含两方面的变量信息，即定时器位和定时器当前值。

定时器位：当定时器的当前值达到预设值 PT 时，该位被置为"1"，即 ON。

## 项目 5  PLC 控制系统的安装与调试

表 5-7  定时器分辨率与编号

| 定时器类型 | 分辨率（ms） | 最大计时值（s） | 定时器号 |
|---|---|---|---|
| TON、TOF | 1 | 32.767 | T32，T96 |
|  | 10 | 327.67 | T33～T36，T97～T100 |
|  | 100 | 3276.7 | T37～T63，T101～T225 |
| TONR | 1 | 32.767 | T0，T64 |
|  | 10 | 327.67 | T1～T4，T65～T68 |
|  | 100 | 3276.7 | T5～T31，T65～T95 |

定时器当前值是指存储定时器当前所累积的时间，它用 16 位有符号整数来表示，故最大计数值为 32767。

预设值 PT：数据类型为 INT 型。它与定时器分辨率的乘积就是定时时间。PT 的寻址范围可以是 VW、IW、QW、MW、SW、SMW、LW、AIW、T、C、AC、*VD、*AC、*LD 和常数。

使能输入 IN：BOOL 型，可以接收来自 I、Q、M、SM、T、C、V、S、L 能流的信号。

### 1．接通延时定时器（TON）

TON 定时器用于单一间隔的定时，使能输入 IN 接通后，当前值 PT 从 0 开始计时，当定时器的当前值大于或等于预设值时，该定时器位被置位，即定时器位 ON，定时器继续计时，一直到最大值 32767；使能输入断开，定时器自动复位，即定时器位 OFF，当前值为 0。

指令格式：TON    T×××，    PT

例如，TON    T120，    8    //接通延时定时器，延时时间为 100ms×8＝800ms；使能输入 IN 接通时，当前值从 0 开始计时，当前值达到预设值 PT=8（即 800ms）时，定时器位 ON。

在 LAD 中，接通延时定时器的表示符号如图 5-38（a）所示。

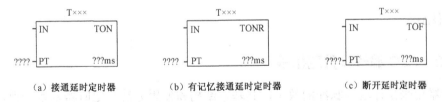

(a) 接通延时定时器　　(b) 有记忆接通延时定时器　　(c) 断开延时定时器

图 5-38  定时器指令在梯形图中的表示符号

### 2．记忆接通延时定时器（TONR）

TONR 定时器用于对多次间隔的累积定时。使能输入接通，定时器位为 OFF，当前值从上次的保持值继续计时。使能输入断开，定时器位和当前值保持最后状态。使能输入再次接通时，当前值从上次的保持值继续计时，当前累积值达到预设值时，定时器位为 ON，定时器继续计时，一直到最大值 32767。

TONR 定时器只能用复位指令进行复位操作。

指令格式：TONR    T×××，    PT

例如，某设备间歇性工作，要求总工作时间达 300s 后系统发出报告信息。工作时 I0.1

得电，工作时间到达则由 Q0.1 报告信息，报告信息复位由 I0.2 得电控制。与此对应的 PLC 程序及时序图如图 5-39 所示。

在 LAD 中，记忆接通延时定时器的表示符号如图 5-38（b）所示。

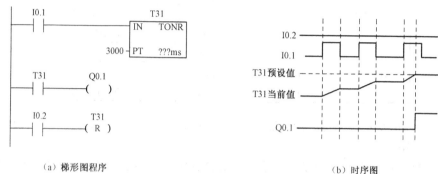

图 5-39　TONR 定时器指令编程及时序图

### 3. 断开延时定时器（TOF）

TOF 定时器用于关断或故障事件后的单一间隔定时。使能输入接通时定时器位立即接通为 ON，其常开触点接通，常闭触点断开，但是定时器当前值仍为 0。只有当使能输入由接通到断开时，定时器才开始计时；当到达预设值时，定时器被复位，其常开触点断开，常闭触点接通，定时器停止计时。使能输入再次由 OFF 到 ON 时，TOF 复位，这时，TOF 的位为 ON，当前值为 0。TOF 复位后，如果使能输入再有从 ON 到 OFF 的负跳变，则可实现再次启动。

指令格式：TOF　　T×××，　PT

例如，TOF　　T37，　　6　　//断开延时定时，延时时间为 600ms。

在 LAD 中，断开延时定时器的表示符号如图 5-38（c）所示。

## 知识拓展

### 5.3.2　PLC 编程计数器指令

计数器用来累计输入脉冲的数量，其基本结构和使用方法与定时器基本一致，西门子 S7-200 的普通计数器有 3 种类型：递增计数器 CTU、递减计数器 CTD 和增/减计数器 CTUD，共计 256 个，其工作原理是利用输入脉冲上升沿信号来累计脉冲个数，在实际中用来对产品进行计数或完成相应的逻辑控制。计数器指令格式见表 5-8。

表 5-8　计数器指令格式

| 梯形图（LAD） | 功能块图（FBD） | 语句表 | 功能 |
|---|---|---|---|
| C×××<br>CU　CTU<br>R<br>????─PV | C×××<br>CU　CTU<br>R<br>????─PV | CTU C×××　PV | 递增计数器 |

续表

| 梯形图（LAD） | 功能块图（FBD） | 语句表 | 功能 |
|---|---|---|---|
| C×××<br>─CD  CTD<br>─LD<br>????─PV | C×××<br>─CD  CTD<br>─LD<br>????─PV | CTD C××× PV | 递减计数器 |
| C×××<br>─CU  CTUD<br>─CD<br>─R<br>????─PV | C×××<br>─CU  CTUD<br>─CD<br>─R<br>????─PV | CTUD C××× PV | 增/减计数器 |

梯形图的功能块图指令中，C×××为计数器，范围为C×××=C0～C255，CU为增1计数脉冲输入端，CD为减1计数脉冲输入端，R为复位脉冲输入端，LD为递减计数器的复位输入端，PV为预置值设置端，数据类型为整数型INT，寻址范围为VW，IW，QW，MW，SW，SMW，LW，AIW，T，C，AC，*VD，*AC，*LD及常数。

注意：不能重复使用同一个计数器的线圈编号，即每个计数器线圈编号只能使用1次。

1）CTU（递增计数）指令

当CU端输入每个脉冲的上升沿到来时，计数器的当前值以增1方式累加计数。当R（复位）输入有效时，计数器状态位复位（置0），计数值清零，累加的最大值为32767。

CTU计数器的时序图、梯形图及语句表如图5-40所示。

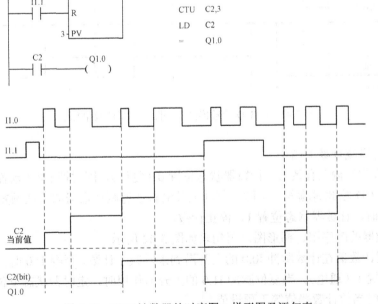

图5-40 CTU计数器的时序图、梯形图及语句表

2）CTUD（增/减计数）指令

CTUD 指令在 CU/CD 端输入每个脉冲的上升沿到来时，计数器的当前值以增 1 方式累加计数或减 1 方式递减计数。当此值等于或超过计数器预置值 PV 时，计数器状态位发生变化置位。当 R（复位）输入有效或执行复位指令时，计数器状态位复位，计数值清零。当计数器值达到最大值（32767）时，下一个输入上升沿到来可使得计数值变为最小值（-32678）。

CTUD 计数器的时序图、梯形图及语句表如图 5-41 所示。

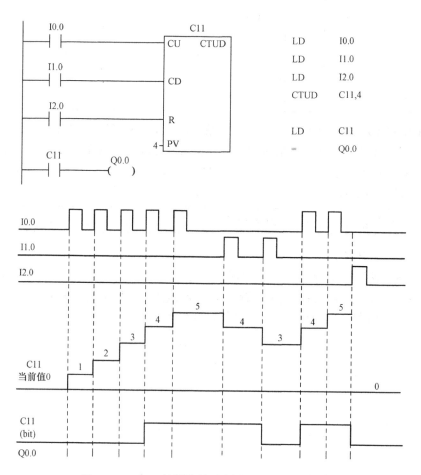

图 5-41　CTUD 计数器的时序图、梯形图及语句表

3）CTD（递减计数）指令

当 LD（复位）输入有效时，计数器状态位置 0（复位），同时把 PV（预置值）装入计数器存储器。若 CD 端此时输入一个脉冲，其上升沿将使递减计数器的值从预置值开始递减计数，至等于 0 时，计数器状态位置 1，停止计数。

CTD 计数器的时序图、梯形图及语句表如图 5-42 所示。

CTD 递减计数器在计数脉冲 I0.0 的上升沿到来时减 1 计数，至等于 0 时，定时器输出状态位 1，Q0.0 置 1（通电）。当复位脉冲 I1.0 的上升沿作用时，定时器状态复位 0，为下次工作做准备，此时当前计数器值等于预设值。

项目5　PLC控制系统的安装与调试

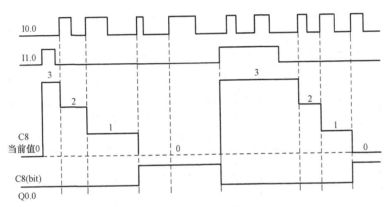
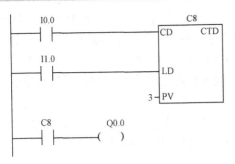

图5-42　CTD计数器的时序图、梯形图及语句表

## 任务拓展　交通灯PLC控制设计

下面以十字交通路口红绿灯的PLC控制为例说明定时器延时扩展环节的使用方法。

定时器的计时时间都有一个最大值，如100ms的定时器最大的计时时间为3276.7s。但如果工程中所需的延时时间大于这个数值时一个最简单的方法就是采用定时器接力的方式，即先启动一个定时器计时，计时时间到后，用第一只定时器的常开触点启动第二只定时器，再使用第二只定时器启动第三只定时器，使用最后一只定时器的触点去控制最终的控制对象就可以了。

某十字路口南北和东西方向均设有红、黄、绿3色信号灯，如图5-43所示。交通灯按一定的顺序交替变化。

图5-43　十字路口交通灯示意图

185

### 机床电气控制系统维护

十字交通灯的控制要求为：当工作人员合上开关 $SA_1$ 后，南北方向红灯亮 30s，期间，东西方向绿灯亮 25s 后，闪烁 3s 灭，黄灯亮 2s；然后，切换成东西方向红灯亮 30s，期间，南北方向的绿灯亮 25s 后，闪烁 3s 灭，黄灯亮 2s。如此循环。当工作人员合上夜间开关 $SA_2$ 后，东西、南北两方向的黄灯同时闪烁，提醒夜间过往人员和车辆通过十字路口时减速慢行。按下 $SA_3$，各个方向的灯都熄灭。

由控制要求可知，各信号灯的亮暗严格按时间先后顺序工作，是典型的时序控制，采用状态波形图设计较为简单。首先画出状态波形图如图 5-44 所示。

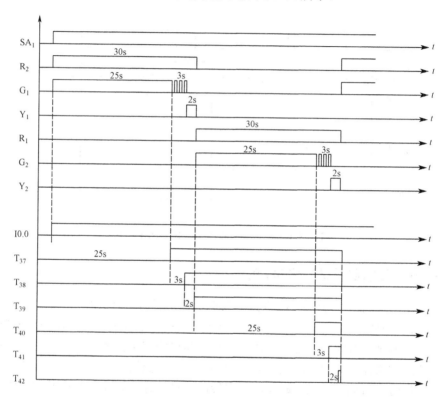

图 5-44 信号灯及各定时器波形图

图中 $R_1$、$G_1$、$Y_1$ 表示东西红、绿、黄灯；$R_2$、$G_2$、$Y_2$ 表示南北红、绿、黄灯。根据如图 5-44 所示各信号灯的波形图关系，可用若干定时器来反映各时间段的特征，然后再依各时间段的特征与 $R_1$、$G_1$、$Y_1$ 和 $R_2$、$G_2$、$Y_2$ 工作过程的对应关系，完成梯形图程序的设计。

各时间段的特征用 PLC 内部的定时器 $T37\sim T42$ 予以反映。当工作开关 $SA_1$ 接通后，输入 I0.0 闭合，使 $T_{37}$ 开始延时，25s 延时时间到其常开触点接通，使 $T_{38}$ 开始延时，3s 延时时间到，其常开触点闭合，使 $T_{39}$ 开始延时，依次类推。当一个定时器计时到时，下一个定时器就开始计时，最后 $T_{42}$ 计时时间到的时候，将所有定时器线圈断开，一个周期结束，下一个周期又开始。$T_{37}\sim T_{42}$ 的波形图如图 5-44 所示。

当夜间开关 $SA_2$ 接通后，采用特殊寄存器标志位 SM0.5，使东西、南北方向的黄灯同时闪烁。

## 1. PLC 选择及电气原理图

从控制要求来分析,PLC 输入点较少,只有 3 个开关量,输出点为 6 个开关量,为增加输出点的使用寿命,最好选用晶体管输出型,本例中选择 CPU224 具体型号为 6ES7 214-1AD23-0XB8 的 PLC,带有 14 点开关量输入,10 点输出,电气原理图如图 5-45 所示。I/O 地址分配见表 5-9,使用了 6 个定时器 $T_{37} \sim T_{42}$,1 个特殊存储器标志位 SM0.5。

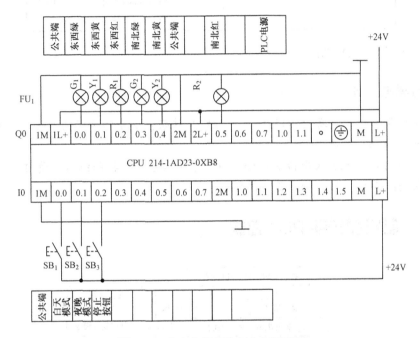

图 5-45 十字交通灯控制电气原理图

## 2. 交通灯 PLC 控制软件编制

(1) I/O 地址分配表。

表 5-9 I/O 地址分配

| 序号 | 符号 | 地址 | 注释 |
| --- | --- | --- | --- |
| 1 | $SB_1$ | I0.0 | 工作开关(白天模式) |
| 2 | $SB_2$ | I0.1 | 夜间开关 |
| 3 | $SB_3$ | I0.2 | 停止运行 |
| 4 | $G_1$ | Q0.0 | 东西绿 |
| 5 | $Y_1$ | Q0.1 | 东西黄 |
| 6 | $R_1$ | Q0.2 | 东西红 |
| 7 | $G_2$ | Q0.3 | 南北绿 |
| 8 | $Y_2$ | Q0.4 | 南北黄 |
| 9 | $R_2$ | Q0.5 | 南北红 |
| 10 | $G_1$-25s | $T_{37}$ | 东西绿 25s |
| 11 | $G_1$-3s | $T_{38}$ | 东西绿闪 3s |

续表

| 序号 | 符号 | 地址 | 注释 |
|---|---|---|---|
| 12 | $Y_1$-2s | $T_{39}$ | 东西黄 2s |
| 13 | $G_2$-25s | $T_{40}$ | 南北绿 25s |
| 14 | $G_2$-3s | $T_{41}$ | 南北绿闪 3s |
| 15 | $Y_2$-2s | $T_{42}$ | 南北黄 2s |
| 16 | Clock-1s | SM0.5 | 时钟脉冲 ON（打开）0.5s，OFF（关闭）0.5s，循环工作时间 1s |

（2）控制程序见配套光盘。

### 问题与思考 5-3

1. 根据所学知识，编写出实现红、黄、绿 3 种颜色信号灯循环显示程序（要求循环间隔时间为 1s），并画出时序图。

2. 有一个灯塔，现要求用传送指令实行以下工作过程：按照红灯、黄灯、绿灯顺序每隔 1s 依次点亮，全亮后保持 3s，不断循环。

## 任务 5-4　简易机械手 PLC 控制

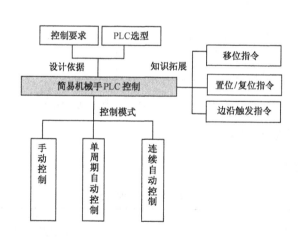

### 任务目标

选择使用 PLC，会进行简易机械手的 PLC 控制系统的设计，并能调试与维护。

### 任务描述

随着工业自动化的发展，机械手的出现大大降低了工人的劳动强度，提高了劳动生产率。传统的继电器控制的半自动化装置因设计复杂、接线繁杂、易受干扰，存在可靠性差、故障多、维修困难等问题。因此，多采用 PLC 控制替代继电器组成机械手控制系统。本任务就是用 PLC 模拟机械手动作。

项目 5　PLC 控制系统的安装与调试

**实践操作**

观看机械手动作，明确控制要求，并进行初步设计。

**相关知识**

### 5.4.1　简易机械手控制要求

简易机械手的主要工作任务是搬运，即把比较重的工件或人工不易搬运的工件从一个工位搬到另一个工位，如图 5-46 所示为简易机械手动作顺序示意图。

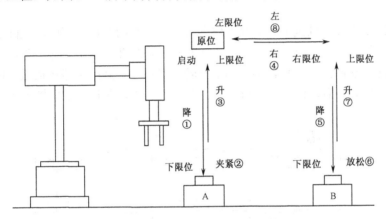

图 5-46　简易机械手动作顺序示意图

由图 5-46 可知，简易机械手的动作顺序是一个典型的顺序控制系统，工作中机械手需从初始位（左上方）首先下行，到达下限位后夹紧，夹住工件后上行返回，到达上限位后右行，右行到右限位后又进行下行，下行到下限位时松开，释放工件，把工件放到 B 处，原路返回到初始位。

当工件处于 B 处上方准备下放时，为确保安全，用光电开关检测 B 处有无工件。只有在 B 处无工件时才能发出下放信号。

机械手下降、上升、右移、左移均由电磁阀驱动气缸来完成，下降、上升、右移、左移动作的转换，是由相应的限位开关来控制的，而夹紧和放松动作的转换是由时间继电器来控制的。

机械手的控制模式分为手动模式控制、单周期自动控制模式和连续自动控制模式三种。

#### 1．手动控制模式

手动控制模式主要应用于调试阶段。手动控制要求对应于机械手的每一个动作都要设置一个控制按钮来控制机械手的动作。在手动控制模式下，每一个动作运行完成之后就会自动停止，不会引起下一个动作的启动。

#### 2．单周期自动控制模式

单周期自动控制模式主要应用于试运行阶段。此种控制模式下，只要按下启动按钮，机械手便按要求把工件从 A 处搬运到 B 处，然后返回到初始位，之后就会停止工作，等待下一个命令的到来，其控制示意图如图 5-47 所示。

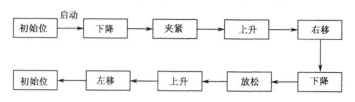

图 5-47　简易机械手单周期自动控制示意图

### 3．连续自动控制模式

连续自动控制模式是机械手的主要工作方式。在正常的工作过程中，机械手都是以连续自动控制模式工作的。此种控制模式下，只要按下启动按钮，机械手便按要求把工件从 A 处搬运到 B 处，然后返回到初始位，再开始下一轮的循环，直到按下停止按钮，机械手才能在完成最后一个工作循环后，停下来等待下一个命令的到来，其控制示意图如图 5-48 所示。

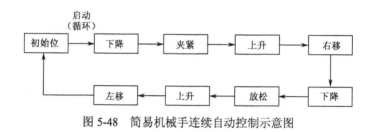

图 5-48　简易机械手连续自动控制示意图

## 5.4.2　简易机械手的 PLC 控制

### 1．输入/输出信号及 PLC 的地址分配

1）输入信号

由分析可知，此系统的输入信号很多，主要有以下几种。

（1）模式选择信号。手动控制模式选择信号、单周期自动控制模式选择信号和连续自动控制模式选择信号。

（2）手动控制信号。启动按钮，停止按钮，手动上行、下行控制开关，手动左行、右行控制开关，手动夹紧、放松控制开关。

（3）检测信号。上限位检测行程开关，下限位检测行程开关，左限位检测行程开关，右限位检测行程开关和有无工件检测开关。

2）输出信号

控制系统的输出信号主要有机械手上行控制信号、机械手下行控制信号、机械手左行控制信号、机械手右行控制信号和夹紧控制信号。

3）PLC 输入/输出地址分配

简易机械手控制系统的 PLC 输入/输出地址分配见表 5-10。

## 项目 5  PLC 控制系统的安装与调试

表 5-10  简易机械手控制系统的 PLC 输入/输出地址分配

| 输入信号 | | 输出信号 | |
| --- | --- | --- | --- |
| 名称 | 地址 | 名称 | 地址 |
| 手动控制模式 | I0.0 | 机械手上行 | Q0.0 |
| 单周期自动控制模式 | I0.1 | 机械手下行 | Q0.1 |
| 连续自动控制模式 | I0.2 | 机械手左行 | Q0.2 |
| 系统启动按钮 | I0.3 | 机械手右行 | Q0.3 |
| 系统停止按钮 | I0.4 | 机械手夹紧 | Q0.4 |
| 手动上行、下行开关 | I0.5 | | |
| 手动左行、右行开关 | I0.6 | | |
| 手动夹紧、放松开关 | I0.7 | | |
| 左限位行程开关 | I1.0 | | |
| 右限位行程开关 | I1.1 | | |
| 上限位行程开关 | I1.2 | | |
| 下限位行程开关 | I1.3 | | |

根据输入/输出量的数量，简易机械手的 PLC 控制选择西门子 S7-200 系列的 PLC 即可完成其控制功能，故选择型号为 S7-224，继电器输出，具有 14 个输入点，10 个输出点，能满足系统需要。

4）简易机械手 PLC 控制接线图

简易机械手 PLC 控制接线图如图 5-49 所示。

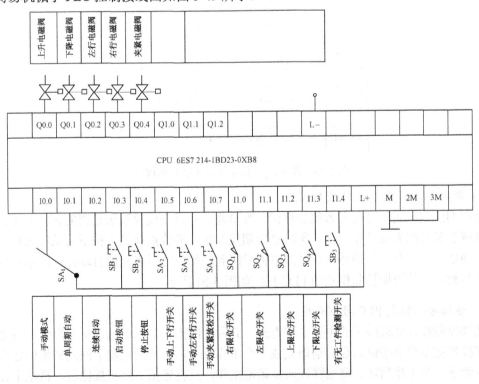

图 5-49  简易机械手 PLC 控制接线图

机床电气控制系统维护

### 2. 简易机械手的 PLC 控制程序

由于此系统中有三种控制模式，而每一种控制模式都控制机械手的同一组动作，所以，为了 PLC 程序设计的方便，需要借助于一些 PLC 的内部位存储器来完成 PLC 程序的设计，其具体地址与功能分配见表 5-11。

表 5-11 PLC 地址与功能分配

| 名称 | 地址 | 名称 | 地址 |
| --- | --- | --- | --- |
| 手动模式上行 | M0.0 | 单周期模式右行 | M1.0 |
| 手动模式下行 | M0.1 | 单周期模式夹紧 | M1.1 |
| 手动模式左行 | M0.2 | 连续模式上行 | M1.2 |
| 手动模式右行 | M0.3 | 连续模式下行 | M1.3 |
| 手动模式夹紧 | M0.4 | 连续模式左行 | M1.4 |
| 单周期模式上行 | M0.5 | 连续模式右行 | M1.5 |
| 单周期模式下行 | M0.6 | 连续模式夹紧 | M1.6 |
| 单周期模式左行 | M0.7 | | |

1) 手动控制模式 PLC 控制程序

手动控制模式主要用于调试和系统的调整。它的主要特点是机械手的每一个动作都需要操作人员手动去控制，每一个动作完成后会自动停止且不会启动下一个动作。手动控制模式的 PLC 程序如图 5-50 所示。

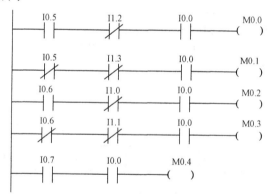

图 5-50 简易机械手的 PLC 手动控制程序

2) 单周期控制模式 PLC 控制程序

单周期控制模式主要用于系统的调试运行阶段，此时要检验系统是否能正常工作，但不需要机械手长时间大批量地工作，所以单周期控制模式的特点就是当按下启动按钮后，机械手会自动地完成一个工作循环，而且当机械手回到初始位之后系统就自动停止，不会启动下一个工作循环。单周期控制模式的 PLC 程序如图 5-51 所示。

3) 连续控制模式 PLC 控制程序

连续控制模式是机械手的主要工作方式。此种控制模式要求机械手不但要像单周期控制模式那样当按下启动按钮后会自动地完成一个工作循环，而且当机械手回到初始位之后系统还会启动下一个工作循环。就这样周而复始地工作，只有当按下停止按钮后，机械手在完成一个工作循环后才不再启动下一个工作循环。连续控制模式的 PLC 控制程序如图 5-52 所示。

项目5　PLC控制系统的安装与调试

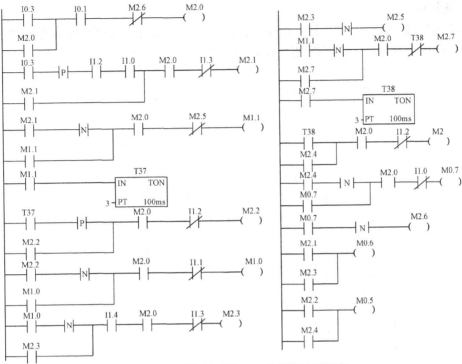

图5-51　简易机械手的PLC单周期控制程序

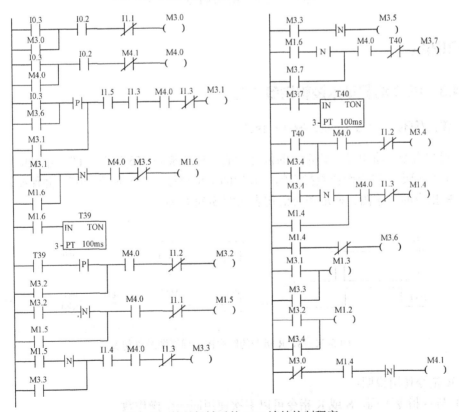

图5-52　简易机械手的PLC连续控制程序

4）连接程序

将前三段 PLC 程序与此段连接程序组合成一个 PLC 程序，就可得到功能比较完善的简易机械手的 PLC 控制程序，连接程序如图 5-53 所示。

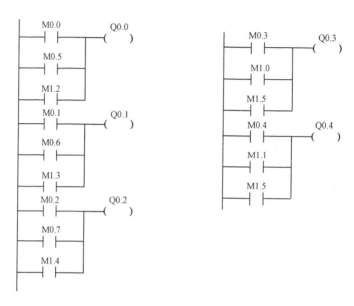

图 5-53　简易机械手的 PLC 连接程序

## 知识拓展

### 5.4.3　PLC 编程基本逻辑指令（二）

**1. 置位/复位指令 S（Set）/R（Reset）**

S：置位指令，将由操作数指定的位开始的 1 位至最多 255 位置"1"，并保持。
R：复位指令，将由操作数指定的位开始的 1 位至最多 255 位清"0"，并保持。
S、R 指令的时序图、梯形图及语句表如图 5-54 所示。

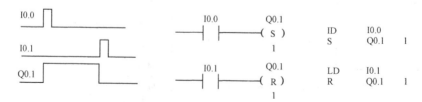

图 5-54　S、R 指令的时序图、梯形图及语句表

S、R 指令使用说明：

（1）与 = 指令不同，S 或 R 指令可以多次使用同一个操作数。

（2）用 S/R 指令可构成 S-R 触发器，或用 R/S 指令构成 R-S 触发器。由于 PLC 特有的顺序扫描的工作方式，使得执行后面的指令具有优先权。

（3）使用 S、R 指令时需指定操作性质（S/R）、开始位（bit）和位的数量（N）。

开始位（bit）的操作数为 Q，M，SM，T，C，V，S。

数量 N 的操作数为 VB，IB，QB，MB，SMB，LB，SB，AC，常数等。

（4）操作数被置"1"后，必须通过 R 指令清"0"。

### 2. 边沿触发指令 EU（Edge Up）和 ED（Edge Down）

EU：上升沿触发指令，在检测信号的上升沿，产生一个扫描周期宽度的脉冲。

ED：下降沿触发指令，在检测信号的下降沿，产生一个扫描周期宽度的脉冲。

EU、ED 指令的时序图、梯形图及语句表如图 5-55 所示。

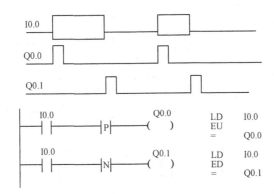

图 5-55　EU、ED 指令的时序图、梯形图及语句表

EU、ED 指令使用说明：

（1）EU、ED 指令后无操作数。

（2）EU、ED 指令用于检测状态的变化（信号出现或消失）。

### 5.4.4　PLC 编程移位指令

移位指令在 PLC 控制中是比较常用的，移位指令包括左/右移位指令和循环左/右移位指令及移位寄存器指令。左/右移位指令和循环左/右移位指令按移位数据的长度又分为字节型、字型和双字型三种。在移位指令中，数据类型（B、W、D）对应的位数要大于最大移位位数（N），移位位数（次数）N 为字节型数据。

#### 1. 左/右移位指令

当允许输入 EN 有效时，将由变量 IN 指定的数值向左或向右移动到指定（N）的位置，结果由 OUT 指定的变量输出（OUT 与 IN 为同一个存储单元）。左/右移位指令格式和功能见表 5-12。

表 5-12 左/右移位指令格式和功能

| 梯形图（LAD） | 功能块图（FBD） | 语句表 | 功能 |
|---|---|---|---|
| SHL_B EN ENO ???? IN OUT ???? ???? N | SHL_B EN ENO ???? IN OUT ???? ???? N | SLB OUT,N | 字节左移位 |
| SHR_B EN ENO ???? IN OUT ???? ???? N | SHR_B EN ENO ???? IN OUT ???? ???? N | SRB OUT,N | 字节右移位 |
| SHL_W EN ENO ???? IN OUT ???? ???? N | SHL_W EN ENO ???? IN OUT ???? ???? N | SLW OUT,N | 字左移位 |
| SHR_W EN ENO ???? IN OUT ???? ???? N | SHR_W EN ENO ???? IN OUT ???? ???? N | SRW OUT,N | 字右移位 |
| SHL_DW EN ENO ???? IN OUT ???? ???? N | SHL_DW EN ENO ???? IN OUT ???? ???? N | SLDW OUT,N | 双字左移位 |
| SHR_DW EN ENO ???? IN OUT ???? ???? N | SHR_DW EN ENO ???? IN OUT ???? ???? N | SRDW OUT,N | 双字右移位 |

在移位时，存放被移位数据的编程元件的移出端与特殊继电器 SM1.1 相连，移出位被放入 SM1.1，移位数据存储单元另一端自动补 0。影响允许输出 ENO 正常工作的出错条件为 SM4.3（运行时间），0006（间接寻址）。

例如，下列程序的执行结果见表 5-13。

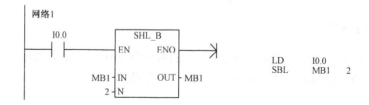

项目 5  PLC 控制系统的安装与调试

表 5-13  SRB 指令的执行结果

| 移位次数 | 编程元件 | 数据 | SM1.1 | 说明 |
|---|---|---|---|---|
| 0 | MB1 | 10101010 | X | 移位前 |
| 1 | MB1 | 01010101 | 0 | 右移 1 位,移出位 0 进入 SM1.1,左端补 0 |
| 2 | MB1 | 00101010 | 1 | 右移 1 位,移出位 1 进入 SM1.1,左端补 0 |

## 2．循环左/右移位指令

当允许输入 EN 有效时,将由变量 IN 指定的数值向左或向右循环移动 N 位,结果由 OUT 指定的变量输出。循环左/右移位指令和功能如表 5-14 所示。

表 5-14  循环左/右移位指令和功能

| 梯形图（LAD） | 功能块图（FBD） | 语句表 | 功能 |
|---|---|---|---|
| ROL_B<br>EN ENO<br>????-IN OUT-????<br>????-N | ROL_B<br>EN ENO<br>????-IN OUT-????<br>????-N | RLB OUT,N | 字节循环左移位 |
| ROR_B<br>EN ENO<br>????-IN OUT-????<br>????-N | ROR_B<br>EN ENO<br>????-IN OUT-????<br>????-N | RRB OUT,N | 字节循环右移位 |
| ROL_W<br>EN ENO<br>????-IN OUT-????<br>????-N | ROL_W<br>EN ENO<br>????-IN OUT-????<br>????-N | RLW OUT,N | 字循环左移位 |
| ROR_W<br>EN ENO<br>????-IN OUT-????<br>????-N | ROR_W<br>EN ENO<br>????-IN OUT-????<br>????-N | RRW OUT,N | 字循环右移位 |
| ROL_DW<br>EN ENO<br>????-IN OUT-????<br>????-N | ROL_DW<br>EN ENO<br>????-IN OUT-????<br>????-N | RLDW OUT,N | 双字循环左移位 |
| ROR_DW<br>EN ENO<br>????-IN OUT-????<br>????-N | ROR_DW<br>EN ENO<br>????-IN OUT-????<br>????-N | RRDW OUT,N | 双字循环右移位 |

移位时,循环移位将移位数据存储单元首位相连具有循环性,同时移出端与特殊继电器

SM1.1 相连，移出位被放入 SM1.1，影响允许输出 ENO 正常工作的出错条件为 SM4.3（运行时间），0006（间接寻址）。

例如，下列程序的执行结果见表 5-15。

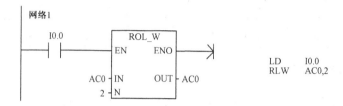

表 5-15　RLW 指令的执行结果

| 移位次数 | 编程元件 | 数据 | SM1.1 | 说明 |
| --- | --- | --- | --- | --- |
| 0 | AC0 | 01000010 | X | 移位前 |
| 1 | AC0 | 10000100 | 1 | 循环左移 1 位，移出位 0 移置 AC0 右端，同时也移入 SM1.1 |
| 2 | AC0 | 00001001 | 1 | 循环左移 1 位，移出位 1 移置 AC0 右端，同时也移入 SM1.1 |

### 3. 移位寄存器指令 SHRB（Shift Register Bit）

移位寄存器指令是一个移位长度可指定的移位指令。在顺序控制或步进控制中，应用很方便。移位寄存器位指令格式和功能见表 5-16。

在梯形图中，移位寄存器以功能框的形式编程，它有 3 个数据输入端：DATA 为移位寄存器的数据输入端；S_BIT 为组成移位寄存器的最低位；N 为移位寄存器的长度和移位方向（N>0 时，为正向移位，即从最低位向最高位移位；N<0 时，为反向移位，即从最高位向最低位移位）。

表 5-16　移位寄存器位指令格式和功能

| 梯形图（LAD） | 功能块图（FBD） | 语句表 | 功能 |
| --- | --- | --- | --- |
| SHRB<br>EN ENO<br>???—DATA<br>???—S_BIT<br>????—N | SHRB<br>EN ENO<br>???—DATA<br>???—S_BIT<br>????—N | SHRB DATA, S_BIT,N | 寄存器移位 |

移位寄存器的特点如下。

（1）移位寄存器的数据类型无字节型、字型、双字型之分，移位寄存器的长度 N（≤64）由程序指定。

（2）移位寄存器的组成：

最低位为 S_BIT；

最高位的计算方法为 MSB=（|N|−1+（S_BIT 的位号））/8；

最高位的字节号：MSB 的商+S_BIT 的字节号；

最高位的位号：MSB 的余数；

例如：S_BIT=V33.4，N=14，则 MSB=（14-1+4）/8=17/8=2…1；

最高位的字节号：33+2=35，最高位的位号：1.最高位为 V35.1；

移位寄存器的组成：V33.4～V33.7，V34.0～V34.7，V35.0，V35.1，共 14 位。

（3）移位寄存器指令的功能：当允许输入端 EN 有效时，如果 N>0，则在每个 EN 的前沿，输入数据从最低位（S_BIT）移入，最高位移出，移出的数据放在溢出标志位（SM1.1）中；如果 N<0，则在每个 EN 的前沿，输入数据从最高位移入，最低位（S_BIT）移出，移出的数据放在溢出标志位（SM1.1）中。

影响允许输出 ENO 正常工作的出错条件为 SM4.3（运行时间）、0006（间接寻址）、0091（操作数超界）、0092（计数区错误）。

例如，移位寄存器指令应用如图 5-56 所示。

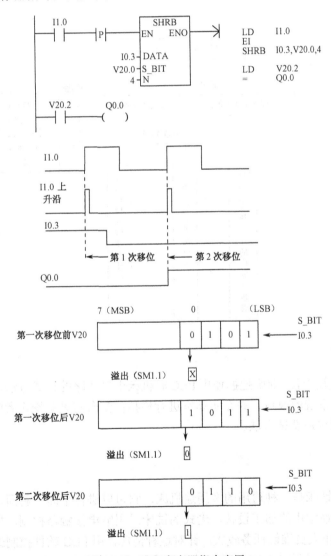

图 5-56 移位寄存器指令应用

机床电气控制系统维护

**问题与思考 5-4**

1. 可编程控制器系统设计一般分为几步？
2. 按红、绿、黄、红、绿、黄的顺序布置 6 只节日彩灯，用 PLC 实现如下控制。
（1）第 1 只灯亮 2s 后，第 2 只灯亮 2s，6 只灯依次亮完。
（2）第 6 只灯熄灭后，6 只灯全部亮。
（3）2s 后 6 只灯全部熄灭。
（4）再过 2s 后，重复第（1）步。

## 任务 5-5　PLC 在 X62W 万能铣床电气控制系统中的应用

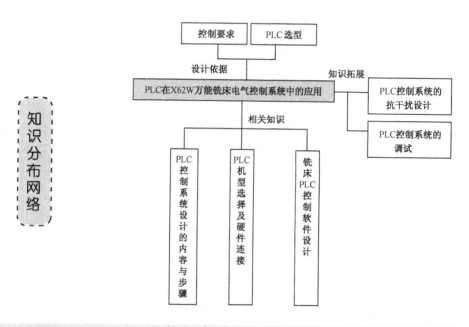

### 任务目标

掌握 PLC 的选用方法，准确把握使用 PLC 时机床电气线路的接线方法，能够利用 PLC 对普通机床进行电气系统的改造，并在实训室进行模拟；学会与设备操作者的沟通能力，学会 PLC 机床电气控制线路调试方法。

### 任务描述

X62W 型万能铣床是一种通用的多用途机床，它可以进行平面、斜面、螺旋面及成型表面的加工，是一种最常用的加工设备，老式的铣床采用继电接触器控制，接触触点多，线路复杂，故障多，操作人员维修任务较大。针对这种情况，用 PLC 软件控制改造其继电器控制电路。本任务就是利用西门子 PLC 进行铣床的控制回路的改造。

项目 5　PLC 控制系统的安装与调试

**实践操作**

（1）打开 X62W 铣床电气控制柜，观察电气控制线路的复杂程度。
（2）把用到的器件进行记录，并整理成器件明细表。
（3）有多少个控制点？列出明细表。

**相关知识**

### 5.5.1　PLC 控制系统设计的内容与步骤

#### 1．PLC 控制系统设计的原则与内容

1）设计 PLC 控制系统应遵循的基本原则

（1）最大限度地满足生产机械和生产工艺对电气控制的要求，这些生产工艺要求是电气控制系统设计的依据。因此，在设计前，应深入现场进行调查，收集资料，并与生产过程有关人员、机械设计人员、实际操作者密切配合，明确控制要求，共同拟定电气控制方案，协同解决设计中的各种问题，使设计效果满足生产工艺要求。

（2）在满足生产工艺要求前提下，设计方案力求简单、经济、合理，不要盲目追求自动化和高指标。力求控制系统操作简单，使用及维修方便。

（3）正确、合理的选用电气元件，确保控制系统安全可靠的工作，同时考虑技术进步、造型美观。

（4）为适应生产的发展和工艺的改进，在选择控制设备时，设备能力留有适当余量。

2）PLC 控制系统设计的主要内容

（1）拟订控制系统设计的技术条件。技术条件一般以设计任务书的形式来确定，它是整个设计的依据。

（2）选择电气传动形式和电动机、电磁阀等执行机构。

（3）选定 PLC 的型号。

（4）绘制电气原理图及 PLC 的输入/输出分配表。

（5）根据系统设计的要求编写软件规格说明书，然后再用相应的编程语言（常用梯形图）进行程序设计。

（6）了解并遵循用户认知心理学，重视人机界面的设计。

（7）设计操作台、电气柜。

（8）编写设计说明书和使用说明书。

根据具体任务，上述内容可适当调整。

#### 2．PLC 控制系统设计的一般步骤

PLC 控制系统设计的一般步骤如下：熟悉控制对象，PLC 选型及确定硬件配置，设计电气原理图并编制材料清单，设计控制柜，绘制安装所需的图纸，编制控制程序，调试程序和编制技术文件。

### 机床电气控制系统维护

1）熟悉控制对象

熟悉控制对象是系统设计的基础。首先应详细了解被控对象的工艺过程和它对控制系统的要求，各种机械、液压、气动、仪表、电气系统之间的关系，系统工作方式（如自动、半自动、手动等），PLC 与系统中其他智能装置之间的关系，人机界面的种类，通信联络的方式，报警台的种类与范围，电源停电及紧急情况的处理等。

此阶段，还要选择用户输入设备（按钮、操作开关、限位开关、传感器等）、输出设备（继电器、接触器、信号指示灯等执行元件），以及由输出设备驱动的控制对象（电动机、电磁阀等）。

同时，还应确定哪些信号需要输入给 PLC，哪些负载由 PLC 驱动，并分类统计出各输入量和各输出量的性质及数量，是数字量还是模拟量，是直流量还是交流量，以及电压的大小等级等，为 PLC 的选型和硬件配置提供数据。

最后，将控制对象和控制功能进行分类，可按信号用途或控制区域进行划分，确定检测设备和控制设备的物理位置，分析每一个检测信号和控制信号的形式、功能、规模、互相之间的关系。信号点确定后，设计出工艺布置图或信号图。

2）PLC 选型及确定硬件配置

正确选择 PLC 对于保证整个控制系统的技术与经济性能指标起着重要的作用。选择 PLC，包括机型的选择、容量的选择、I/O 模块的选择、电源模块的选择等。

根据被控对象对控制系统的要求及 PLC 的输入量、输出量的类型和点数，确定出 PLC 的型号和硬件配置。对于整体式 PLC，应确定基本单元和扩展单元的型号；对于模块式 PLC，应确定框架（或基板）的型号及所需模板的型号和数量。

具体型号应查对产品说明书或咨询生产厂家，以免因产品更新或改型影响工作的进行。

3）设计电气原理图并编制材料清单

PLC 硬件配置确定后，根据信号图及外部输入/输出元件与 PLC 的 I/O 点的连接关系，设计电气原理图并编制材料清单。

4）设计控制柜

根据电气原理图及具体元器件的规格尺寸，设计控制柜。

5）绘制安装所需的图纸

绘制接线图和安装所需的图纸，以便进行硬件配置。

6）编制控制程序

根据被控对象的工艺过程，在硬件设计的基础上，通过控制程序完成系统的各项控制功能。对于较简单的控制程序，可以直接设计出来。对于比较复杂的系统，一般要先画出系统的工艺流程图，然后编制控制程序。控制程序的编制应随编随查，即编好某一控制程序段后，一般先做程序的自编译以自动检查一般错误，若有错误则进行修改，若无错误再进行人工检查控制功能，认为无错误后再编制其他程序段。

7）调试程序

控制程序编制完成后必须经过反复调试、修改，直到满足控制要求为止。

8）编制技术文件

系统调试好后，应根据最终调试的结果，整理出完整的技术文件，如工艺布置和信号图、电气原理图、材料及备品件清单、硬件接线图、控制程序、使用说明书等。在技术文件整理过程中必须要求图物相符。

### 5.5.2 PLC 机型选择及硬件连接

X62W 万能铣床的继电接触器电路看起来并不复杂，但仔细分析后才知道其中包含了许多联锁环节。

1）主电动机与进给电动机的联锁

主电动机与进给电动机的联锁是电气上的联锁。进给电动机接触器 $KM_3$、$KM_4$ 的电源只有当 $KM_1$ 接通时才能接通。

2）工作台各进给方向上的联锁

工作台各进给方向上的联锁是机械及电气的双重联锁，工作台纵向进给操作手柄及工作台横向进给操作手柄是十字型操作手柄，手柄每次操作只能拨向某一个位置，这是机械联锁。此外从电路中可以知道，当这两支操作手柄同时从中间位置移开时，$KM_3$ 及 $KM_4$ 的电流通道即被切断，这是电气联锁。

3）线性进给运动工作台与圆工作台间的联锁

当使用圆工作台时，$SQ_1 \sim SQ_4$ 中任一限位开关动作时，$KM_3$ 将断电。为了在使用 PLC 作为主要控制装置后，以上联锁功能都得以保留，以上联锁所涉及的器件都需接入 PLC 的输入口，这包括 $SQ_1 \sim SQ_4$，$SB_3 \sim SB_6$。$SA_3$ 的处理则不同，由于 $SA_3$ 只有断开及接通两个工作位置，它的三对触点的状态可以用其中的一对触点的状态表示。因而只选继电器图中接于17-18 点的一对触点接入 PLC，且以断开为常态。经统计，以上器件再加上各种按钮及冲动开关等器件，铣床控制所需输入口为 11 个。在具体连接时，这些器件的串联及并联的触点均在连接后接入 PLC，且热继电器触点均串在输出器件电路中，不占用输入口。在考虑输出口数量时，注意到输出器件有两个电压等级，这样输出口分两组连接点。依输入/输出口的数量及控制功能选取西门子 CPU224 机一台，万能铣床各个输入/输出点的 PLC I/O 地址分配见表5-17。

表 5-17 I/O 地址分配

| 符号 | 地址 | 注释 |
| --- | --- | --- |
| $SB_1$, $SB_2$ | I0.0 | 主轴电动机 $M_1$ 制动停止按钮 |
| $SB_3$, $SB_4$ | I0.1 | 主轴电动机 $M_1$ 启动按钮 |
| $SB_5$, $SB_6$ | I0.2 | 快速进给按钮 |
| $SA_3$ | I0.3 | 圆工作台开关 |
| KS | I0.4 | 速度继电器常开 |
| $SQ_1$ | I0.5 | 左限位 |
| $SQ_2$ | I0.6 | 右限位 |
| $SQ_3$ | I0.7 | 向后，上限位 |
| $SQ_4$ | I1.0 | 向前，下限位 |
| $SQ_6$ | I1.1 | 进给冲动 |

续表

| 符号 | 地址 | 注释 |
|---|---|---|
| $SQ_7$ | I1.2 | 主轴冲动 |
| $SA_1$ | I1.3 | 冷却泵开关 |
| $SA_4$ | I1.4 | 指示灯开关 |
| $SA_5$ | I1.5 | 主轴正反转开关 |
| $KM_1$ | Q0.0 | 主轴电动机 $M_1$ 接触器 |
| $KM_2$ | Q0.1 | 主轴电动机反接制动接触器 |
| $KM_3$ | Q0.2 | 向右、后、上接触器 |
| $KM_4$ | Q0.3 | 向左、前、下接触器 |
| $KM_5$ | Q0.4 | 快移接触器 |
| $KM_6$ | Q0.5 | 冷却泵接触器 |
| YA | Q1.0 | 快移电磁铁 |
| EL | Q1.1 | 照明灯 |

铣床 PLC 控制输入/输出接线图如图 5-57 所示。

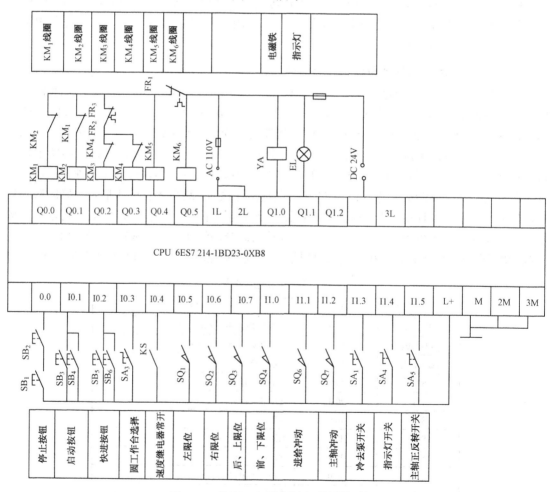

图 5-57 铣床 PLC 控制输入/输出接线图

铣床PLC控制程序有以下几部分。

（1）主轴电动机启动程序：

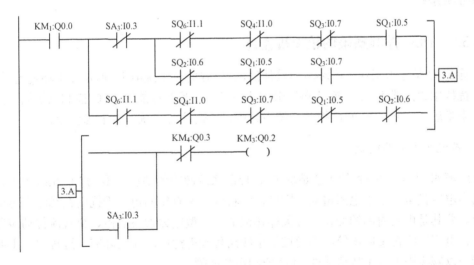

（2）停止制动及冲动程序：

（3）圆工作台及向右、后、上控制程序：

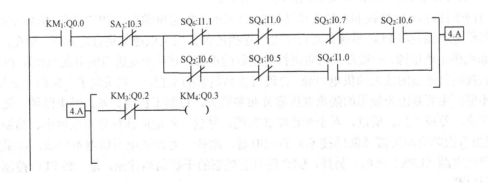

（4）工作台左、前、下控制程序：

(5) 快速移动控制程序：

```
   SA₅:I1.5   SB-5,SB-6:I0.2   KM₅:Q0.4
 ───┤ ├──────────┤ ├──────────( )───
                │                    
                │    KM₅:Q0.4   YA:Q1.0
                └────┤ ├──────( )───
```

(6) 冷却泵控制程序：

```
   SA₅:I1.5    SA₁:I1.3    KA₅:Q0.5
 ───┤ ├────────┤ ├────────( )───
```

(7) 照明控制程序：

```
   SA₅:I1.5    SA₄:I1.4    EL:Q1.1
 ───┤ ├────────┤ ├────────( )───
```

## 知识拓展

### 5.5.3 PLC控制系统的抗干扰设计

尽管PLC是专为工业生产环境而设计的，有较强的抗干扰能力，但是如果环境过于恶劣，电磁干扰特别强烈或PLC的安装和使用方法不当，还是有可能给PLC控制系统的安全可靠运行带来隐患。因此，在PLC控制系统设计中，还需注意系统的抗干扰设计。

**1. 抗电源干扰的措施**

实践证明，因电源引入的干扰造成PLC控制系统故障的情况很多。PLC系统的正常供电电源均由电网供电，由于电网覆盖范围广，它将受到所有空间电磁干扰而在线路上感应电压和电流。尤其是电网内部的变化，开关操作浪涌、大型电力设备启停、交直流传动装置引起的谐波、电网短路暂态冲击等，都通过输电线路传到电源中。在实际应用过程中，主要采取以下措施以减少因电源干扰造成的PLC控制系统故障。

1）采用性能优良的电源，控制电网引入的干扰

电网干扰进入PLC控制系统主要通过PLC系统的供电电源（如CPU电源、I/O电源等）、变送器供电电源及与PLC系统具有直接电气连接的仪表供电电源等耦合进入的。现在，对于PLC系统供电的电源，一般都采用隔离性能较好的电源，而对于变送器供电的电源和PLC系统有直接电气连接的仪表的供电电源，并没有受到足够的重视，虽然采取了一定的隔离措施，但还不够，主要是因为使用的隔离变压器分布参数大，抑制干扰能力差，经电源耦合而形成共模干扰、差模干扰。所以，对于变送器和共用信号仪表供电应选择分布电容小、抑制带宽（如采用多次隔离和屏蔽及漏感技术）的配电器。此外，为保证电网供电不中断，可采用不间断供电电源（UPS）供电。另外，UPS还具有较强的干扰隔离性能，是一种PLC控制系统的理想电源。

2）硬件滤波措施

在干扰较强或可靠性要求较高的场合，应该使用带屏蔽层的隔离变压器对 PLC 系统供电，还可以在隔离变压器一次侧串接滤波器，如图 5-58 所示。为了改善隔离变压器的抗干扰效果，设计时还应注意以下问题。

（1）滤波器与 PLC 之间最好采用双绞线连接，以抑制串模干扰。

（2）隔离变压器的屏蔽层要良好接地。

（3）隔离变压器的一次侧、二次侧分离开。

（4）将 PLC 电源、I/O 电源和其他设备的供电电源分离开。

（5）正确选择接地点，完善接地系统。

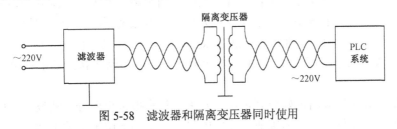

图 5-58　滤波器和隔离变压器同时使用

### 2．控制系统的接地设计

良好的接地是保证 PLC 可靠工作的重要条件，可以避免偶然发生的电压冲击危害。接地的目的通常有两个，其一是安全，其二是抑制干扰。完善的接地系统是 PLC 控制系统抗电磁干扰的重要措施之一。接地系统的接地方式一般可分为三种方式，即串联式单点接地、并联式单点接地和多分支单点接地。PLC 系统通常采用第三种接地方式，即单独接地。

PLC 控制系统的地线包括系统地、屏蔽地、交流地和保护地等。接地系统混乱对 PLC 系统的干扰主要表现为在各个接地点电位分布不均，不同接地点间存在地电位差，引起地环路电流，影响系统正常工作。例如，电缆屏蔽层必须一端接地，如果电缆屏蔽层两端都接地，就存在地电位差，有电流流过屏蔽层，当发生异常状态（如雷击）时，地线电流将更大。此外，屏蔽层、接地线和大地有可能构成闭合环路，在变化磁场的作用下，屏蔽层内又会出现感应电流，通过屏蔽层与芯线之间的耦合，干扰信号回路。若系统地与其他接地处理混乱，所产生的地环流就可能在地线上产生不等电位分布，影响 PLC 内逻辑电路和模拟电路的正常工作。PLC 工作的逻辑电压干扰容限较低，逻辑地电位的分布干扰容易影响 PLC 的逻辑运算和数据存储，造成数据混乱、程序跑飞或死机。模拟地电位的分布将导致测量精度下降，引起对信号测控的严重失真和误动作。

在设计 PLC 系统接地时，应注意以下几点。

（1）接地线应尽量粗，一般用直径大于 $1.5mm^2$ 的接地线。

（2）接地点应尽量靠近控制器，直径一般不大于 50m。

（3）接地线应尽量避开强电回路和主回路，不能避开时，应垂直相交。

### 3．抗 I/O 干扰设计

1）从抗干扰角度选择 I/O 模块

I/O 模块的选择一般要考虑以下因素。

（1）输入/输出信号与内部回路隔离的模块比非隔离的模块抗干扰性能好。

（2）晶体管等无触点输出的模块比有触点输出的模块在控制器侧产生的干扰小。

（3）输入模块允许的输入信号 ON/OFF 电压差大，抗干扰性能好；OFF 电压高，对抗感应电压干扰是有利的。

（4）输入信号响应慢的输入模块抗干扰性能好。

2）安装与布线注意事项

（1）动力线、控制线及 PLC 的电源线和 I/O 线应分别配线，隔离变压器与 PLC 和 I/O 之间应采用双绞线连接。将 PLC 的 I/O 线和大功率线分开走线，如必须在同一线槽内，可加隔板。分槽布线最好，这不仅能使其有尽可能大的空间距离，并能将干扰降到最低限度。

（2）PLC 应远离强干扰源，如电焊机、大功率硅整流装置和大型动力设备，不能与高压电器安装在同一个开关柜内。在柜内 PLC 应远离动力线（二者之间距离应大于 200mm）。与 PLC 装在同一个柜子内的电感性负载，如功率较大的继电器、接触器的线圈，应并联 RC 电路。

（3）PLC 的输入与输出最好分开走线，开关量与模拟量也要分开敷设。模拟量信号的传送应采用屏蔽线，屏蔽层应一端接地，接地电阻应小于屏蔽层电阻的 1/10。

（4）交流输出线和直流输出线不要用同一根电缆，输出线应尽量远离高压线和动力线，避免并行。

3）考虑 I/O 端的接线

（1）输入接线一般不要太长，但如果环境干扰较小，电压降不大时，输入接线可适当长些。输入/输出线要分开。尽可能采用常开触点形式连接到输入端，使编制的梯形图与继电器原理图一致，便于阅读。但急停、限位保护等情况例外。

（2）输出端接线分为独立输出和公共输出，在不同组中，可采用不同类型和不同电压等级的输出电压。但在同一组中的输出只能用同一类型、同一电压等级的电源。由于 PLC 的输出元件被封装在印制电路板上，并且连接至端子板，若将连接输出元件的负载短路，将烧毁印制电路板。采用继电器输出时，所承受的电感性负载的大小，会影响到继电器的使用寿命，因此，使用电感性负载时应合理选择，或加隔离继电器。

（3）PLC 的输出负载可能产生干扰，因此要采取措施加以控制，如直流输出的续流管保护，交流输出的阻容吸收电路，晶体管及双向晶闸管输出的旁路电阻保护等。

4）对变频器干扰的抑制

对变频器干扰的处理一般有下面几种方式：加隔离变压器，主要是针对来自电源的传导干扰，可以将绝大部分的传导干扰阻隔在隔离变压器之前；使用滤波器，滤波器具有较强的抗干扰能力，还具有防止将设备本身的干扰传导给电源，有些还兼有尖峰电压吸收功能；使用输出电抗器，在变频器到电动机之间增加交流电抗器，主要是减少变频器输出在能量传输过程中线路产生电磁辐射，影响其他设备正常工作。

### 5.5.4 PLC 控制系统的调试

系统调试是系统在正式投入使用之前的必经步骤。与继电接触器控制系统不同，PLC 控

制系统既有硬件部分的调试,也有软件的调试。与继电接触器控制系统相比,PLC控制系统的硬件调试相对要简单一些,主要是PLC程序的调试。PLC系统的调试可按以下几个步骤进行:应用程序离线调试,控制系统硬件检查,应用程序在线调试,现场调试。调试后总结整理完相关资料,系统就可以正式投入使用了。

### 1. 应用程序离线调试

应用程序离线调试首先是应用程序的检查过程,应用程序的编制应随编随查,即编好某一控制程序段后,对照工艺过程和控制要求,认为控制逻辑及控制方式无错误后再编制其他程序段。控制程序编制完成后必须经过反复检查、修改,直到认为能够满足控制要求为止。

如条件允许,用户程序尤其是一些完成特殊功能的程序应尽量进行模拟调试,即编好某一控制程序段,经检查认为能够满足要求后,将程序输入PLC,用旋转开关或按钮开关模拟实际的输入信号,用PLC上的发光二极管显示输出量的通断状态。在调试时应充分考虑各种可能的情况,系统的各种不同的工作方式,有选择序列的流程图的每一条支路,各种可能的进展路线,都应逐一检查,不能遗漏。发现问题后及时修改程序,直到在各种可能的情况下控制关系完全符合要求。如果程序中某些参数值过大,为了缩短调试时间,可以在调试时将它们缩小,模拟调试结束后再写入它们的实际设定值。

### 2. 控制系统硬件检查

1) 系统硬件电路通电前检查

系统电气控制台(柜)安装配线完成,首先必须进行的是通电前的检查工作。根据电气原理图、电气安装接线图、电器布置图检查各电气元件的位置是否正确,并检查其外观有无损坏;配线导线的选择是否符合要求;接线是否正确、可靠及接线的各种具体要求是否达到;保护电器的整定值是否与保护对象相符合。重点检查交直流间、不同电压等级间及相间、正负极之间是否有误接线等。

2) 系统硬件电路通电检查

在系统硬件电路通电前检查工作完成后方可通电。
(1) 检查输入点。
(2) 检查输出点。

### 3. 应用程序在线调试

应用程序的在线调试实际上主要是控制台(柜)的单机调试。将模拟调试好的程序输入PLC,然后使PLC工作在运行状态(PLC上"RUN"指示灯亮)。按控制要求,运行程序,发现问题,及时解决。

### 4. 现场调试

程序编制、控制台(柜)的制作及硬件的安装接线工作和现场设备的安装接线工作可同时进行,以缩短整个工程的周期。完成以上工作后,将单机调试过的工作台(柜)安装到控制现场,进行联机总测试,并及时解决调试时发现的软件和硬件方面的问题。调试以前必须参照电器布置图、电气原理图、电气安装接线图等，了解电气设备、被控设备和整个工艺过程。了解具体设备的具体安装位置、功能及与其他设备之间的关系。现场调试的内容和步骤依据系统的规模和控制方式的不同而不尽相同，但大体与控制台（柜）调试的内容和步骤相似，可按通电前检查、通电检查、单机或分区调试、联机总调试等步骤进行。

1）通电前检查

通电前一般先确认PLC在"STOP"工作方式。

（1）检查各电气元件的安装位置是否正确。

（2）用万用表或其他测量设备检查各控制台（柜）之间的连线，现场检测开关和操作开关等输入器件、电动机和电磁阀等输出器件与工作台（柜）之间的连线是否正确。

注意：重点检查交直流间、不同电压等级间及相间、正负极之间是否有误接线。

（3）检查各操作开关、检测开关等电气元件是否处于原始位置。

（4）检查被控设备上、被控设备附近是否有阻挡物（尤其要看是否有临时线）、是否有人员施工等。

对于采用远程I/O，或现场总线控制的PLC系统，可能控制台（柜）较多，硬件投资较大，更要重视系统硬件电路通电前检查这一步，一般也是按照上述步骤首先检查各个控制台（柜），然后重点检查总控制台（柜）与分台（柜）之间的动力线和通信线，尤其是采用电缆的情况，不仅要看电缆内导线颜色，还需要用万用表等检测设备检查。电缆内导线颜色中间改变的情况已屡见不鲜，检查时需特别注意。

2）通电检查

（1）检查供电电源：接通总电源开关，逐个接通主电路和控制电路，接通某一电路后，一般先观察一段时间，如有异常，立即断开电源检查原因，无异常再接通下一路。对于前面所述采用远程I/O或现场总控制的PLC系统通电步骤，应该首先确认分控制台（柜）电源开关断开，总控制台（柜）通电后先用万用表等检测设备检查总控制台（柜）本身电源及外供电源是否正确，然后逐一依次测量分控制台（柜）电源进线电压正常后再给分控制台（柜）供电。这样万一发生电源供电错误，使损失降到最低。电源供电正常后，连通通信设定站点地址等参数，检查I/O点。

（2）检查输入点：一般最少需要两人配合，一人对照现场信号布置图，按照工艺流程或输入点编号地址，依次人为动作现场操作开关和检测开关；另一人在控制台（柜）旁按现场人员的要求检查输入点的状态，现场范围较大时一般需用对讲设备。按上面的方法依次检查输入点。

（3）检查输出点：输出点的检查也可采用强制的方法，但一般是借助一些已检查无误的操作开关，再编制一小段点动方式动作的调试程序，一人对照现场信号布置图，按照工艺流程或输出点编号地址在现场观察，另一人在控制台（柜）旁按现场人员的要求给出输出点的状态，依次检查全部输出点。这一步还要按工艺及原理调整好电动机的旋转方向、电磁阀的位置及其他执行机构的相应状态。

## 项目5 PLC控制系统的安装与调试

3)单机或分区调试

为调试方便,可依控制柜所完成的控制功能、控制规模或工艺过程等,将一个复杂系统人为划分成多个功能区,分区调试。

4)联机总调试

分区调试完毕,分析各个分区之间的关系,将各个分区联系起来即完成联机总调试。

### 问题与思考 5-5

按照铣床电气PLC控制的步骤,将Z3040B钻床的控制电路改造成PLC控制,画出接线图并编制程序。

### 知识梳理与总结

本项目以电动机连续运行、正反转和Y/△启动的PLC控制为例引出PLC控制系统,并讲述了S7-200系列可编程控制器的特性、基本结构、寻址方式、内部元器件、接线图、基本指令及程序设计,以简易机械手的设计为例引出PLC移位指令,最后通过PLC在万能铣床的应用讲述了PLC控制系统的设计步骤、软硬件的设计和系统抗干扰措施等知识。PLC内部组成主要由中央处理器(CPU)、存储器、基本I/O单元、电源、外部设备接口、I/O扩展接口等单元部件组成。S7-200系列的内部元件主要包括输入继电器(I)、输出继电器(Q)、内部位存储器(M)、特殊存储器(SM)、定时器(T)、计数器(C)、模拟输入(AI)、输出(AQ)映像寄存器、高速计数器(HC)、累加器(AC)、变量存储器(V)等。

本项目讲述了和任务相关的S7-200系列基本指令:装载指令LD、LDN与线圈驱动指令=;触点串联指令A、AN;触点并联指令O、ON;置位/复位指令S、R;边沿触发指令EU、ED;定时器指令;移位指令;计数器指令等。还介绍了西门子编程软件STEP 7-Micro/WIN的使用,程序的上载、下载及监控运行状态等。

PLC程序设计主要是系统的硬件设计、软件设计和系统调试。硬件设计包括设计主电路和输入/输出分配,软件设计包括设计梯形图和编写程序,系统调试分实验室调试和现场调试。

除了电动机基本电路的PLC控制之外,还介绍了比较常用的控制系统,如十字交通灯控制、简易机械手控制,以及PLC在铣床控制线路中的应用。PLC应用十分广泛,在学习使用过程中应注意设计方法和步骤,能举一反三,达到事半功倍的效果。

# 附录 A  常见电气元器件的图形和文字符号

| 类别 | 名称 | 图形符号 | 文字符号 | 类别 | 名称 | 图形符号 | 文字符号 |
|---|---|---|---|---|---|---|---|
| 开关 | 单极控制开关 | | SA | 开关 | 控制器或操作开关 | | SA |
| | 手动开关一般符号 | | SA | 接触器 | 线圈操作器件 | | KM |
| | 三极控制开关 | | QS | | 常开主触点 | | KM |
| | 三极隔离开关 | | QS | | 常开辅助触点 | | KM |
| | 三极负荷开关 | | QS | | 常闭辅助触点 | | KM |
| | 组合旋钮开关 | | QS | 时间继电器 | 通电延时（缓吸）线圈 | | KT |
| | 低压断路器 | | QF | | 断电延时（缓放）线圈 | | KT |

续表

| 类别 | 名称 | 图形符号 | 文字符号 | 类别 | 名称 | 图形符号 | 文字符号 |
|---|---|---|---|---|---|---|---|
| 时间继电器 | 瞬时闭合的常开触点 |  | KT | 电磁操作器 | 电磁制动器 | 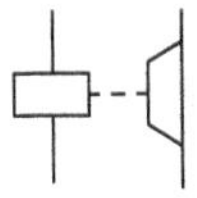 | YB |
| | 瞬时断开的常闭触点 |  | KT | | 电磁阀 | 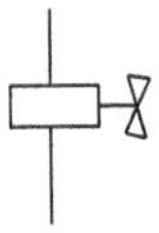 | YV |
| | 延时闭合的常开触点 | 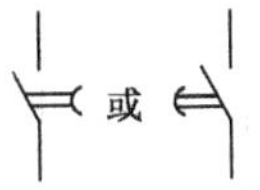 或 | KT | 非电量控制的继电器 | 速度继电器常开触点 | 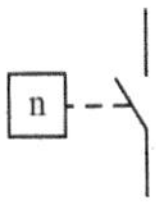 | KS |
| | 延时断开的常闭触点 | 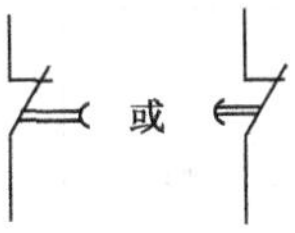 或 | KT | | 压力继电器常开触点 | 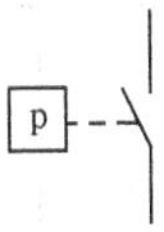 | KP |
| | 延时闭合的常闭触点 | 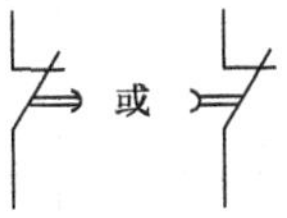 或 | KT | 发电机 | 发电机 | 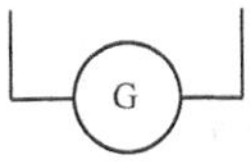 | G |
| | 延时断开的常开触点 | 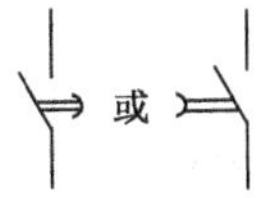 或 | KT | | 直流测速发电机 | 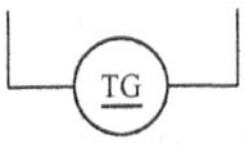 | TG |
| 电磁操作器 | 电磁铁的一般符号 | 或 | YA | 灯 | 信号灯 | | HL |
| | | | | | 指示灯 | | |
| | 电磁吸盘 | 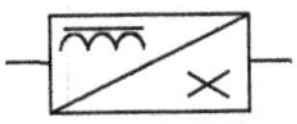 | YH | | 照明灯 |  | EL |
| | 电磁离合器 | 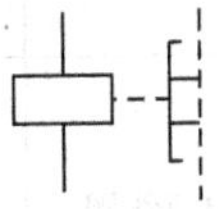 | YC | 接插器 | 插头和插座 | 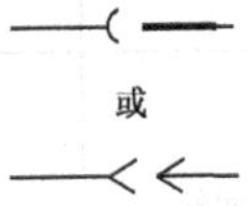 或 | X 插头 XP 插座 XS |

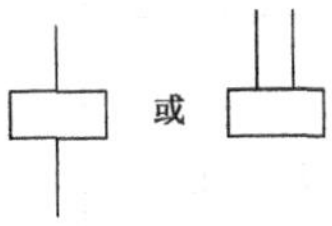

213

续表

| 类别 | 名称 | 图形符号 | 文字符号 | 类别 | 名称 | 图形符号 | 文字符号 |
|---|---|---|---|---|---|---|---|
| 位置开关 | 常开触点 |  | SQ | 热继电器 | 常闭触点 |  | FR |
| | 常闭触点 |  | SQ | 电压继电器 | 过电压线圈 | U> | KV |
| | 复合触点 |  | SQ | | 欠电压线圈 | U< | KV |
| 按钮 | 常开按钮 |  | SB | | 常开触点 |  | KV |
| | 常闭按钮 |  | SB | | 常闭触点 |  | KV |
| | 复合按钮 |  | SB | 中间继电器 | 线圈 |  | KA |
| | 急停按钮 |  | SB | | 常开触点 |  | KA |
| | 钥匙操作式按钮 |  | SB | | 常闭触点 |  | KA |
| 热继电器 | 热元件 |  | FR | 电流继电器 | 过电流线圈 | I> | KA |

附录 A　常见电气元器件的图形和文字符号

续表

| 类别 | 名称 | 图形符号 | 文字符号 | 类别 | 名称 | 图形符号 | 文字符号 |
|---|---|---|---|---|---|---|---|
| 电流继电器 | 欠电流线圈 | 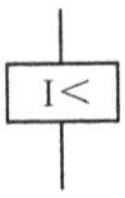  | KA | 电动机 | 三相绕线转子异步电动机 |   | M |
|  | 常开触点 |   | KA |  | 他励直流电动机 | 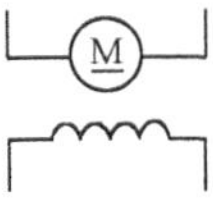  | M |
|  | 常闭触点 |   | KA |  | 并励直流电动机 | 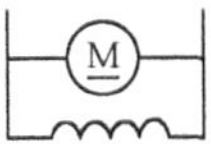  | M |
| 熔断器 | 熔断器 |   | FU |  | 串励直流电动机 | 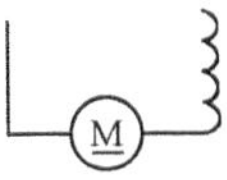  | M |
| 互感器 | 电压互感器 | 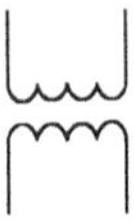  | TV | 变压器 | 单相变压器 | 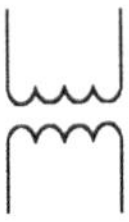  | TC |
|  | 电流互感器 | 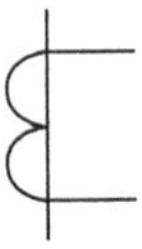  | TA |  | 三相变压器 | 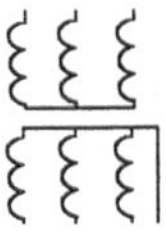  | TM |
| 电动机 | 三相笼型异步电动机 | 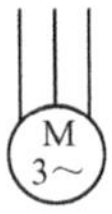  | M | 电抗器 | 电抗器 |   | L |